BIO 4

MANUEL

Martine **DELVIGNE**
Michel **FAWAY**
Rosa-Caterina **MARCHESINI**
Patrick **VERHAEGHE**
Eric **WALRAVENS**

van in

Composition de ***BIO 4***

Pour l'élève
- un manuel
- des compléments multimédias accessibles via Udiddit

Pour le professeur
- un corrigé
- des compléments multimédias accessibles via Udiddit
- un Manuel Numérique accessible via Udiddit

BIO 4 - Manuel

Auteurs : Martine Delvigne, Michel Faway, Rosa-Caterina Marchesini, Patrick Verhaeghe, Eric Walravens

Coordination : Michel Faway

Couverture : Nord compo (conception) et [nor] production (adaptation)

Layout et mise en page : Nord compo

Photos et illustrations : Eric Walravens

Nous remercions nos élèves pour l'inspiration qu'ils nous ont donnée, nos collègues pour leurs avis éclairés et les membres de nos familles pour leur patience et leur soutien tout au long de ces années de travail.
Merci à Yves Poumay et Émilie Faway du Laboratoire Cellules et Tissus, NARILIS, UNamur, Philippe van den Bosch Sanchez de Aguilar de l'UCLouvain, Jacques Guillaume, Michèle Loneux, Jules Fouarge, le docteur Roch Ponsart, Thierry Hoeree, Thierry Kinif, le docteur Benoît Libert de la Clinique et Maternité Sainte-Élisabeth de Namur, Charles Pieman.
Notre reconnaissance va aussi à nos complaisants modèles Élodie Baix, Rinchen Bhutia, Anaïs Marquet, Arnaud Mouton. Pierre-Nicolas Pintus, Edwin et Noémie Pieman, Panagiota Siokos, Chanaël Verdebout et Robin Walravens.
Nous remercions d'avance les utilisateurs de *BIO 4* qui, par leurs remarques, nous aideront à améliorer cet ouvrage.

2e édition : 2022

ISBN 978-94-641-7721-3
D/2022/0078/122
Art. 601833/01

Comment utiliser BIO 4 ?

Chaque chapitre débute par la liste des **savoirs et savoir-faire** à maîtriser en fin de chapitre, ils te guideront dans ton travail.

À LA FIN DE CE CHAPITRE, TU SERAS CAPABLE DE...

SAVOIR

a. Définir et utiliser les mots-clés apparaissant en rouge dans ce chapitre.
b. Citer les principaux constituants de l'urine.
c. Identifier les principaux organes du système urinaire, déterminer leur position et leurs principaux rôles.
d. Légender des documents sur l'anatomie du rein.
e. Expliquer la formation de l'urine par le rein.

SAVOIR FAIRE

a. Présenter un schéma fonctionnel du système urinaire.
b. Réaliser la dissection d'un rein, le schématiser et le légender.
c. Comparer sur base de données chiffrées la composition du sang et de l'urine
d. Intégrer les systèmes circulatoire, respiratoire et excréteur au sein de la fonction d'homéostasie.

Regroupées à la fin de chaque chapitre, sur des pages liserées de bleu, les **activités** te rendent acteur de ton apprentissage. Elles se déclinent en 3 types :

ACTIVITÉ 5 — Le point d'interrogation symbolise les **activités de découverte**.

ACTIVITÉ 7 — Le stylo symbolise les **activités d'application**.

ACTIVITÉ 3 — Le microscope symbolise les **activités de laboratoire**.

Ces activités sont à réaliser lorsqu'un des symboles suivants apparaît dans le manuel :

3 Le grand voyage du sang

Le **système circulatoire** ou cardio-vasculaire est un ensemble de conduits fermés, les **vaisseaux sanguins**, dans lesquels le **sang** circule toujours dans le même sens grâce à une pompe, le **cœur**.

Les savoirs, disposés en deux colonnes, constituent la partie théorique du manuel. Les termes écrits en **rouge** sont les mots-clés que l'on retrouve dans l'index.

DOCS+ Les DOCS+ te donnent des informations complémentaires, parfois insolites.

Documents et fiches pratiques

En fin de manuel, les documents et fiches pratiques t'aideront à réaliser certaines activités.

En fin d'ouvrage, un **index** te permet de trouver la page à laquelle un mot (ou une expression) important, écrit en **rouge** ou en **bleu**, est défini.

Des **QR Codes** permettent, grâce à l'application Sésame, de visionner des vidéos illustrant des notions ou des expériences.

1. Télécharge l'application **« Sésame »** des Éditions Van In.

DISPONIBLE SUR Google Play — Disponible sur App Store

2. Scanne le QR code sur la page : tu auras directement accès à la vidéo !

1 Le vivant

« L'organisme le plus humble est encore quelque chose de bien supérieur à la poussière inorganique que nous foulons aux pieds ; et quiconque se livre sans préjugés à l'étude d'un être vivant, si simple qu'il soit, ne peut qu'être transporté d'enthousiasme en contemplant son admirable structure et ses propriétés merveilleuses. »

Charles DARWIN, naturaliste anglais, 1809 – 1882

À LA FIN DE CE CHAPITRE, TU SERAS CAPABLE DE...

SAVOIR

a. Définir et utiliser les mots-clés apparaissant en rouge dans ce chapitre.

b. Donner les caractéristiques communes au vivant.

c. Préciser les différents niveaux d'organisation d'un individu.

SAVOIR FAIRE

a. Distinguer vivant et non-vivant.

1 La biologie

Une grande particularité de la planète Terre est son occupation par des organismes vivants. La **biologie** (du grec *bios* : vie et *logos* : sciences) est la science des êtres vivants. C'est au XVIIIe siècle que le mot biologie est utilisé pour la première fois par Jean-Baptiste de Monet, Chevalier de Lamarck, naturaliste français qui étudia l'évolution du vivant.

2 Mais qu'est-ce que le vivant ?

En étudiant la structure, le fonctionnement, les modes de reproduction, les relations des êtres vivants entre eux et avec leur environnement, les biologistes ont mis en évidence les éléments fondamentaux qui caractérisent tous les organismes.

2.1 Les vivants utilisent de la matière et de l'énergie

Le vivant prélève, dans son environnement, de la matière qu'il intègre à sa propre matière et l'énergie nécessaire à la réalisation de ses fonctions vitales.

Le chevalier guignette *(Actitis hypoleucos)* est un oiseau très actif, constamment à la recherche de nourriture sur les vasières. Cet individu consomme un annélide.

2.2 Les vivants ressentent et réagissent

L'interaction avec l'environnement nécessite des comportements adaptés. Les vivants possèdent des récepteurs sensibles à divers stimuli, parfois regroupés en organes des sens, ainsi que des capacités de mouvement.

Attaque de deux alouettes des champs *(Alauda arvensis)* par un épervier d'Europe *(Accipiter nisus)*
Lors de la poursuite d'une proie par un prédateur, divers organes des sens interviennent. Chez les oiseaux, il s'agit surtout des yeux.

La sensitive *(Mimosa pudica)* est un arbrisseau brésilien cultivé chez nous en serre. Les folioles de ses feuilles composées se replient en deux secondes au moindre choc. La plante est ainsi protégée des intempéries et est moins attractive auprès des herbivores. Ce mouvement réversible est l'un des plus rapides parmi les plantes.

2.3 Les vivants se reproduisent

Tout être vivant a la capacité, seul ou avec un partenaire, de produire des descendants qui lui ressemblent. Ces descendants naissent, grandissent et arrivent à maturité, se reproduisent à leur tour et finissent par mourir.

La reproduction du criquet des pâtures *(Chorthippus parallelus)* implique la rencontre des sexes.

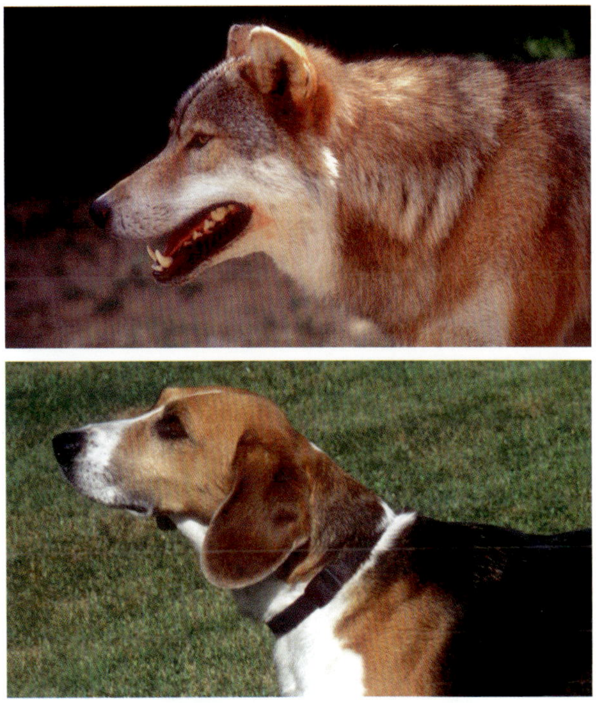

Le loup gris *(Canis lupus)* a produit, par les sélections que l'Homme a pratiquées au cours de plus de 10 000 ans de domestication, environ 330 races de chiens *(Canis lupus familiaris)*, dont le beagle.

Chez la plante succulente *Kalanchoe daigremontiana*, originaire de Madagascar et fréquemment cultivée comme plante d'intérieur, la reproduction se fait de façon sexuée par les fleurs, mais aussi de façon asexuée, par production de jeunes plantes qui se détachent du bord des feuilles.

Metatissotia fourneli est une ammonite fossile. Elle appartient à un groupe de mollusques céphalopodes largement distribué dans toutes les mers du monde il y a 85 à 90 millions d'années.

2.4 Les vivants s'adaptent et évoluent

Les vivants n'ont pas toujours existé sous leur forme actuelle comme en témoignent les fossiles.
La grande diversité actuelle du vivant a une histoire. Depuis son apparition sur Terre, la vie s'est transmise de génération en génération sans discontinuer, en évoluant jusqu'à chaque organisme actuel, y compris l'Homme.

Le nautile *(Nautilus pompilius)* est l'une des dernières espèces contemporaines ressemblant aux ammonites, mollusques céphalopodes marins qui se sont éteints il y a 65 millions d'années.

2.5 Les vivants sont constitués d'une unité fondamentale : la cellule

La **cellule** peut constituer à elle seule un organisme unicellulaire ou s'assembler avec d'autres cellules et former un organisme pluricellulaire.

Chez les organismes pluricellulaires, les cellules dotées d'une structure et d'une fonction précises forment les **tissus** (tissu glandulaire, tissu musculaire, tissu sanguin…). Plusieurs tissus constituent une unité fonctionnelle appelée **organes** (l'estomac, le poumon, le rein…). Les organes dont les fonctions sont coordonnées en vue d'une action déterminée forment les **appareils** ou **systèmes** (les systèmes digestif, respiratoire, circulatoire, urinaire…).

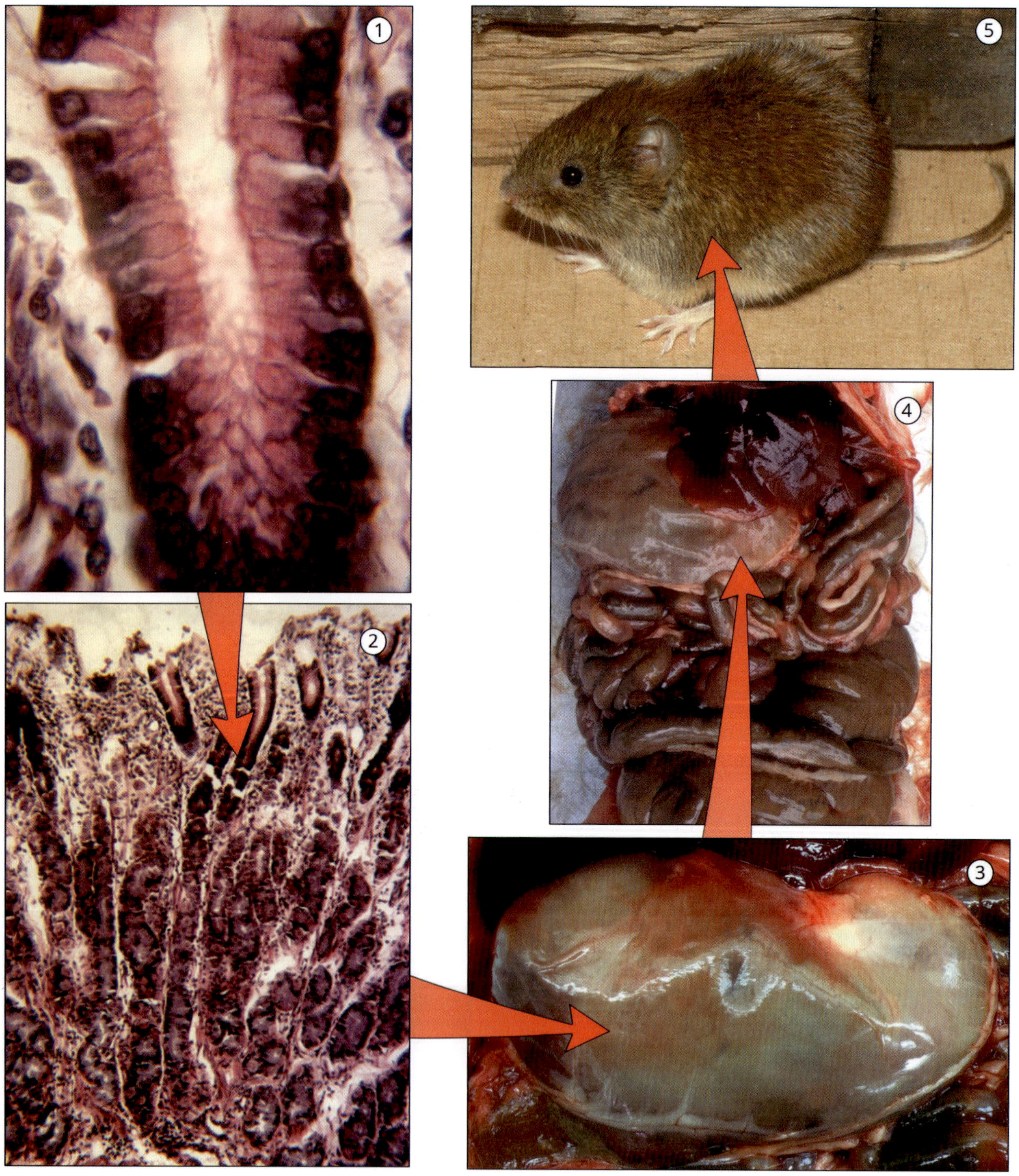

Les cellules sécrétrices 1 de l'estomac forment un tissu glandulaire 2 ; avec le tissu musculaire, ce tissu glandulaire forme l'estomac 3 qui est un des organes du système digestif 4 du campagnol roussâtre *(Myodes glareolus)* 5.

3 Les systèmes et leurs interactions

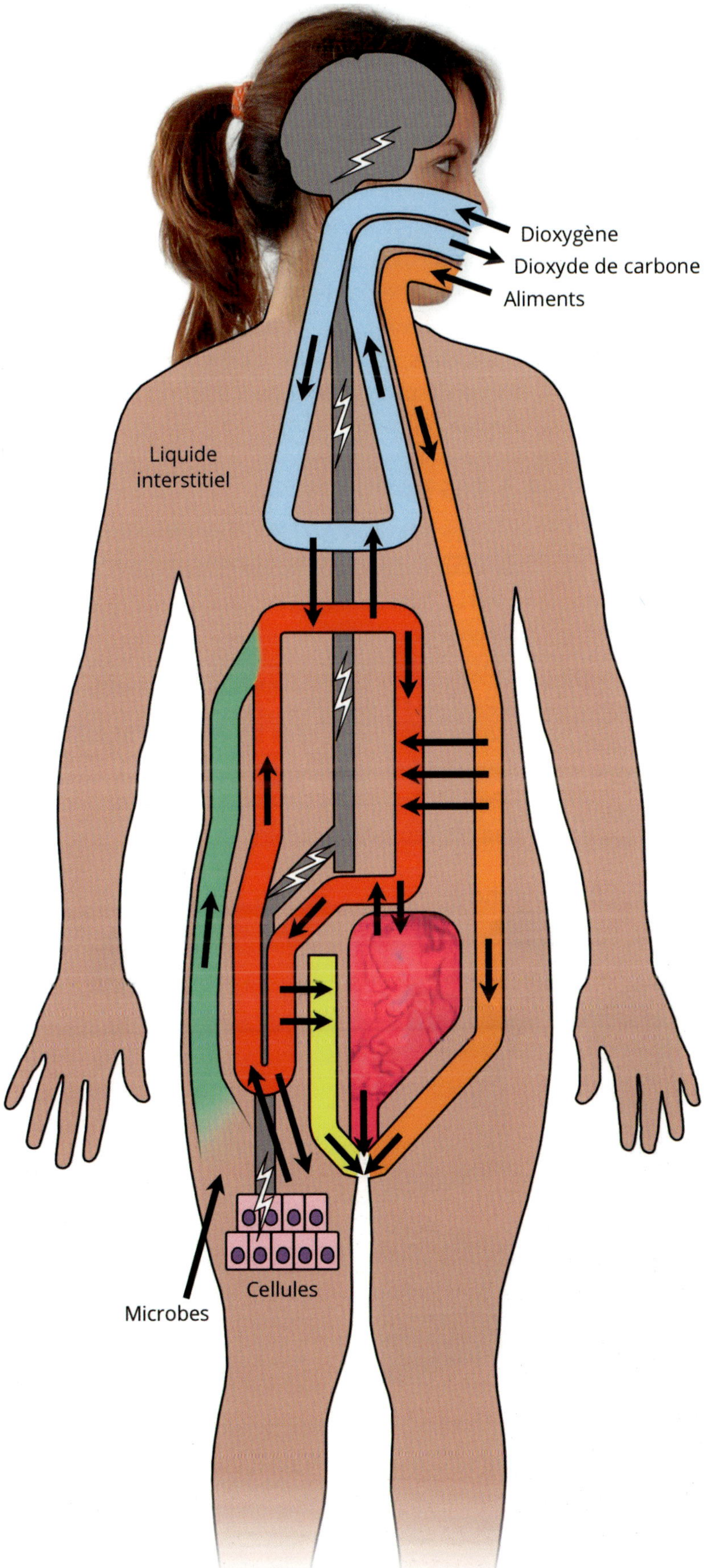

Le système respiratoire permet d'oxygéner le sang et d'évacuer le dioxyde de carbone produit par les cellules.

Le système circulatoire transporte les nutriments, le dioxygène, les déchets…

Le système immunitaire défend l'organisme.

Le système excréteur élimine les déchets cellulaires et maintient le milieu intérieur stable.

Le système digestif assure l'apport des nutriments.

Le système nerveux coordonne l'action des autres systèmes, permettant à l'organisme de mener une existence autonome en relation avec le monde extérieur.

Le système reproducteur assure la reproduction et donc la transmission de la vie.

4 Le vocabulaire anatomique

L'anatomie humaine ne peut être bien comprise que si son étude s'appuie sur des photos et des schémas. La maîtrise de quelques conventions et de quelques termes de vocabulaire est nécessaire pour situer toutes les structures de manière précise et concise. Le corps est habituellement présenté en position anatomique le corps est debout, la tête est bien dressée, les bras sont pendants.

4.1 L'orientation

Les bras sont à gauche et à droite du tronc : ils sont **latéraux** par rapport à lui. Les termes **droit** et **gauche** sont relatifs au sujet observé, non à l'observateur. La plupart du temps, le sujet est présenté de face. La partie droite du corps est donc située à la gauche de l'observateur.

La tête est **supérieure** par rapport au tronc, le tronc est **inférieur** par rapport à la tête.

La poitrine est **ventrale** par rapport au dos, le dos est **dorsal** par rapport au ventre.

4.2 Les plans et les coupes

Une coupe est effectuée à travers le corps ou un organe selon un plan. Si nous étions une sphère homogène, toutes les coupes passant par le centre se ressembleraient. À cause de la structure du corps, orienté de manière supéro-inférieure, et doté d'une symétrie bilatérale, trois grands types de coupes existent.

Une coupe **longitudinale** est une coupe effectuée dans le sens de la longueur. Elle peut être **frontale** si elle partage le corps en une partie ventrale et une partie dorsale, ou **sagittale** si elle partage le corps en une partie gauche et une partie droite.

Une coupe **transversale** est perpendiculaire à l'axe longitudinal et partage le corps en une partie supérieure et une partie inférieure.

Bien entendu, les coupes ne sont pas toutes **médianes**, c'est-à-dire passant par le milieu du corps. L'aspect observé peut être très différent selon le plan de coupe.

4.3 Les positions

Il existe quelques préfixes couramment utilisés lors de l'étude d'organes ou de cellules.

« **Péri** » signifie « qui se situe autour de » comme dans péricarde.

« **Inter** » signifie « qui se situe entre » comme dans espace intercellulaire.

« **Intra** » signifie « qui se situe à l'intérieur » comme dans milieu intracellulaire.

« **Extra** » signifie « qui se situe à l'extérieur » comme dans milieu extracellulaire.

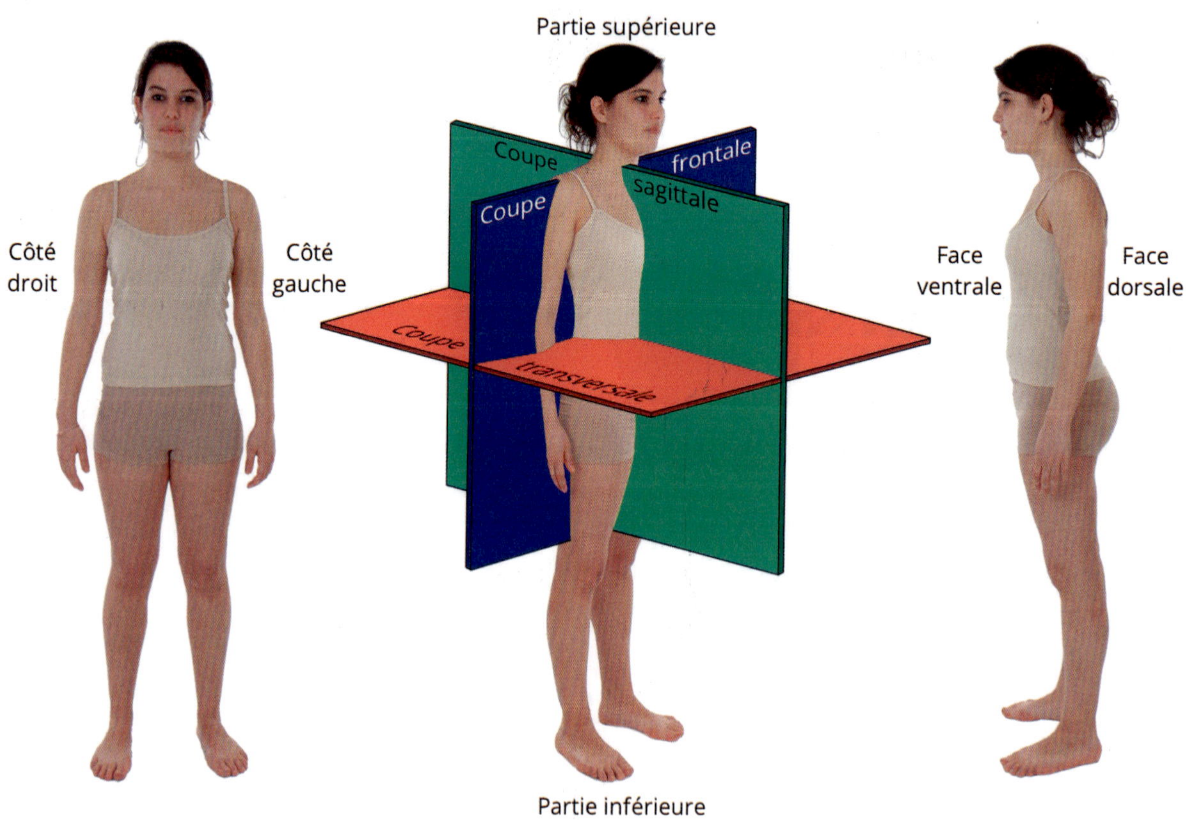

5 Le vocabulaire relatif aux savoirs et savoir-faire

Tout au long de l'utilisation de ce manuel, en particulier lors de la réalisation des activités, tu seras amené à montrer ta maîtrise de savoirs et de savoir-faire. Voici une liste de termes dont tu dois connaître le sens pour comprendre ce qu'on attend exactement de toi.

Analyser : Décomposer une situation, un document en ses différents éléments ; reformuler en choisissant l'essentiel.

Appliquer : Mettre en pratique.

Caractériser : Donner les éléments importants permettant d'identifier un phénomène, une structure, un objet...

Citer : Énumérer.

Classer : Former, dans un ensemble, des groupes d'éléments ayant des points communs.

Comparer : Présenter en parallèle des données et écrire ce qui leur est commun, ce qui les différencie et, éventuellement, pour les valeurs numériques, les ranger dans un ordre croissant ou décroissant.

Compléter : Ajouter les éléments manquants.

Conclure : Confronter l'interprétation d'expériences avec l'hypothèse et répondre de manière concise à la question de départ.

Construire : Imaginer et bâtir un objet ou une représentation.

Croquis : Dessin rapide dégageant l'essentiel de l'objet.

Décrire : Restituer des observations sans rien ajouter ou retrancher, sans rien expliquer.

Définir : Donner en quelques mots précis l'ensemble des caractères qui expliquent le sens d'un mot ou d'une idée.

Dessin : Représentation au crayon, précise et détaillée, de l'objet réel.

Dessiner : Représenter au crayon de manière précise et detaillée l'objet réel.

Diagramme circulaire : Diagramme en disque représentant des données numériques par des secteurs dont les angles sont proportionnels aux pourcentages des données.

Distinguer : Différencier des objets en déterminant les caractéristiques qui font leur spécificité.

Donner : Communiquer une information.

Estimer : Donner une valeur approximative.

Établir : Dresser une liste selon des règles préétablies.

Évaluer : Donner une valeur approximative.

Expliquer : Faire comprendre un phénomène, une structure, en donnant toutes les étapes, tous les composants, avec leurs liens et leur organisation.

Graphique : Représentation figurant des données ou des valeurs groupées, classées ou ordonnées.Il en existe de nombreux types (diagrammes circulaires, graphiques en barres, histogrammes, courbes...).

Hypothèse : Proposition d'explication de faits ou de phénomènes que l'on avance provisoirement avant de la soumettre à l'épreuve de l'expérience.

Identifier : Reconnaître ou nommer un élément en fonction de ses caractéristiques.

Interpréter : Trouver une explication, un sens, aux résultats obtenus, en montrant leurs conséquences logiques.

Justifier : Expliquer une réponse en la fondant sur des arguments objectifs.

Légender : Écrire et relier par un trait le nom d'une structure.

Modéliser : Construire une représentation d'un objet, d'un phénomène, à partir d'informations ou d'observations.

Montrer : Mettre en évidence, signaler un phénomène ou un processus.

Observer : Regarder avec attention, sans interpréter.

Paramètre : Grandeur, autre que la variable étudiée, à laquelle on peut attribuer différentes valeurs.

Préciser : Clarifier une information en la détaillant, la complétant.

Prévoir : Se représenter un fait futur probable.

Proposer : Dire ce que l'on croit souhaitable de choisir, d'accepter.

Réaliser : Construire quelque chose de concret.

Rechercher : Tâcher de trouver quelque chose par une action méthodique.

Rédiger : Écrire un texte organisé (introduction, développement, conclusion), respectant les règles du français et utilisant le vocabulaire scientifique précis.

Relevé : Inventaire, dénombrement.

Relier : Mettre en rapport des objets ayant un lien logique.

Repérer : Retrouver des informations selon un critère préalable.

Schéma : Représentation simplifiée et organisée de différentes informations.

Schéma fonctionnel : Schéma structuré grâce à des flèches qui expliquent un fonctionnement, une chronologie.

Schématiser : Représenter de manière simplifiée et organisée des informations.

Situer : Attribuer à quelque chose une place dans l'espace ou dans le temps.

Synthétiser : Rassembler et organiser des informations, des arguments, provenant de l'exploitation de différentes sources.

Traduire : Exprimer sous une forme différente.

Vérifier : Confronter quelque chose à des faits, pour en contrôler l'exactitude.

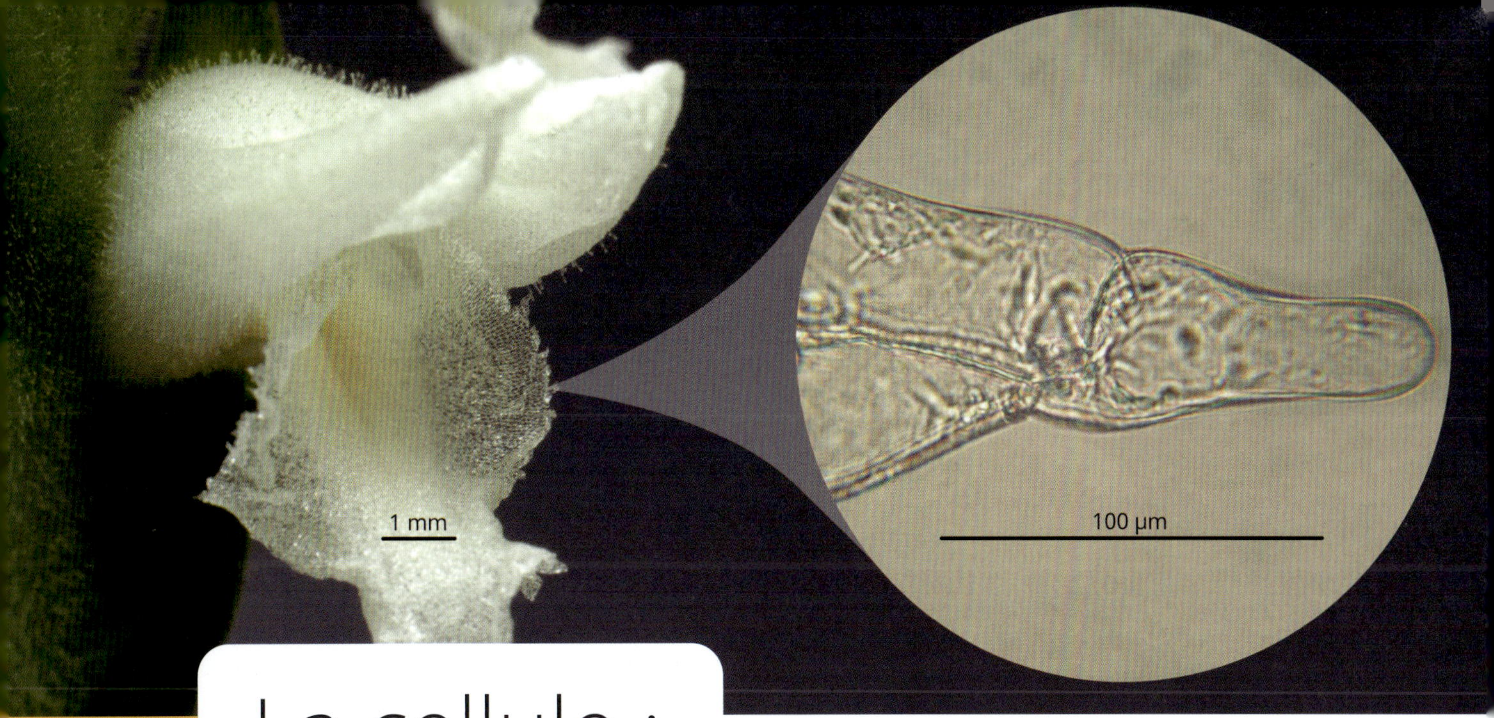

2 La cellule : unité du vivant

Les vivants sont tous composés de cellules. Si quelques cellules sont visibles à l'œil nu comme les œufs d'oiseaux ou de grenouilles, ou à la loupe comme les cellules du labelle des minuscules fleurs de l'orchidée *Spiranthes cernua* (photo ci-dessus), la plupart des cellules sont beaucoup plus petites que le point qui termine cette phrase.

À LA FIN DE CE CHAPITRE, TU SERAS CAPABLE DE...

SAVOIR

a. Définir et utiliser les mots-clés apparaissant en rouge dans ce chapitre.

b. Caractériser et schématiser les cellules eucaryotes et les cellules procaryotes.

c. Citer et caractériser les différentes structures cellulaires des eucaryotes.

d. Associer une fonction aux principales structures de la cellule.

SAVOIR FAIRE

a. Comparer l'ordre de grandeur de la taille des molécules, des bactéries, des cellules animales et végétales.

b. Identifier, comparer et schématiser les différents types de cellules, sur base de documents photographiques et de schémas.

c. Utiliser le microscope optique et réaliser des dessins d'observation.

1 La cellule

La **cellule** peut constituer à elle seule un organisme unicellulaire ou s'assembler avec d'autres cellules et former un organisme pluricellulaire.

La plupart des organismes unicellulaires vivent dans des milieux aqueux ou humides où sont dissoutes les substances nécessaires à leur vie. Leur membrane cellulaire sépare la cellule du monde extérieur et c'est par elle que les échanges se font. Les substances nutritives et le dioxygène diffusent du milieu extérieur vers la cellule tandis que les déchets sont rejetés dans ce milieu via cette même membrane. Chez les organismes pluricellulaires, bien que chaque cellule soit capable d'accomplir les fonctions essentielles, elle ne peut se suffire à elle-même. Une cellule musculaire est incapable de se procurer les substances nutritives et le dioxygène qui lui sont nécessaires car elle est trop éloignée du milieu extérieur. Cette fonction est réalisée par d'autres cellules spécialisées.

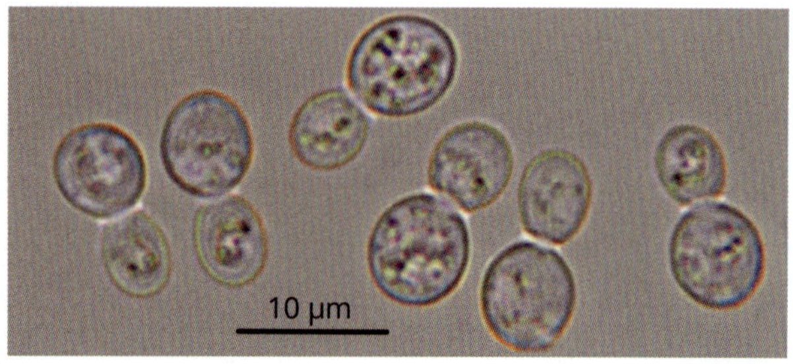

La levure *Saccharomyces cerevisiae*, mycète unicellulaire, est utilisée dans la fabrication du pain et de la bière.

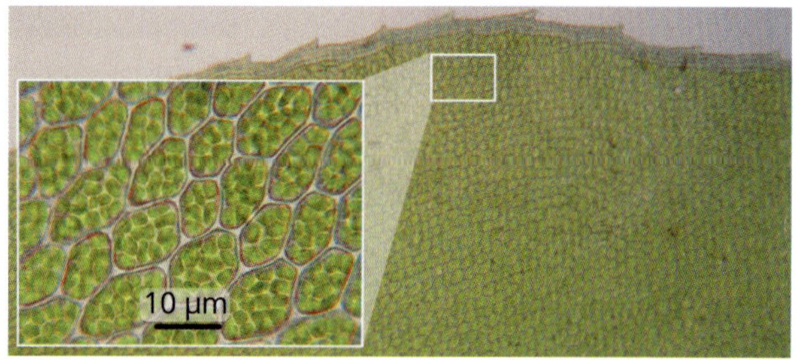

Une feuille de mousse est composée de nombreuses cellules.

2 La cellule en microscopie optique

Deux grands types cellulaires se rencontrent dans le monde vivant.

- La cellule **eucaryote** (du grec *eu* : bien et *karyon* : noyau) renferme un noyau et des organites responsables de fonctions bien précises. La taille des cellules eucaryotes varie d'une dizaine à quelques centaines de micromètres (µm). La cellule eucaryote est l'unité de base des êtres vivants pluricellulaires et de nombreux unicellulaires.

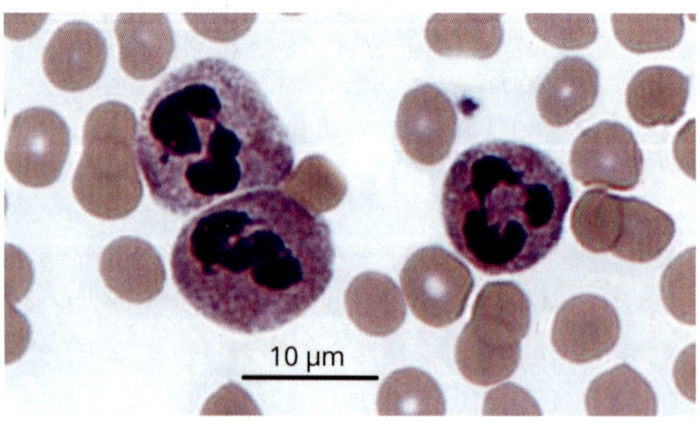

Parmi les globules rouges d'un frottis sanguin humain coloré, trois globules blancs présentent un noyau à plusieurs lobes, entouré d'une multitude d'organites dans le cytoplasme.

- La cellule **procaryote** (du latin *pro* : avant et du grec *karyon* : noyau) ne contient pas de noyau ni d'autre organite à membrane. Elle renferme cependant de l'ADN et contient tous les outils enzymatiques nécessaires au métabolisme cellulaire. La taille de ces cellules est de l'ordre du micromètre. Les **bactéries** sont des cellules procaryotes ; elles sont isolées ou forment des agrégats ou des filaments de quelques cellules.

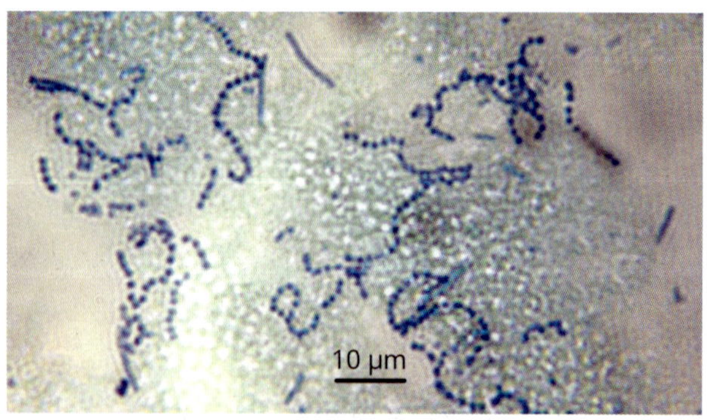

Frottis de yaourt maigre, coloré au bleu de méthylène
On distingue des bactéries allongées en bâtonnets (bacilles), *Lactobacillus bulgaricus*, et des formes sphériques (coques), *Streptococcus thermophilus*, souvent associées en filaments

<table>
<tr><th colspan="2">Structure cellulaire des eucaryotes</th></tr>
<tr><th>Cellule végétale</th><th>Cellule animale</th></tr>
<tr><td>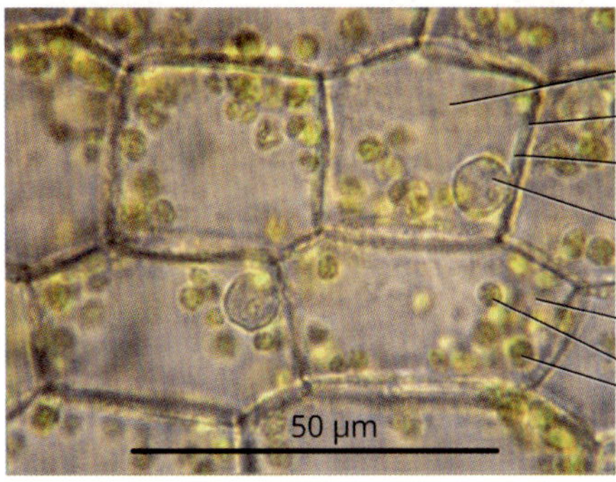

Cellules non colorées de feuille d'élodée à feuilles alternes (Lagarosiphon major)</td><td>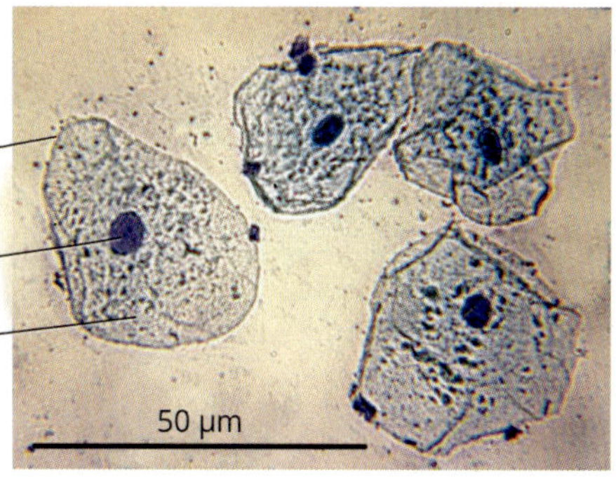

Frottis de cellules de l'épithélium buccal humain, colorées au bleu de méthylène</td></tr>
<tr><th colspan="2">La paroi cellulosique</th></tr>
<tr><td>Elle entoure la cellule. Elle est constituée d'un polysaccharide propre aux plantes, la cellulose, et lui donne sa rigidité.</td><td>Absente</td></tr>
<tr><th colspan="2">La membrane cytoplasmique</th></tr>
<tr><td colspan="2">Elle délimite le contenu de la cellule et règle les échanges de matière avec le milieu extérieur.</td></tr>
<tr><th colspan="2">Le cytoplasme</th></tr>
<tr><td colspan="2">Il consiste en une gelée, le cytosol, et en de nombreux organites. Le cytosol contient de l'eau, des substances minérales et des substances organiques (surtout des protéines).</td></tr>
<tr><th colspan="2">Le noyau</th></tr>
<tr><td colspan="2">C'est une unité, généralement sphérique, délimitée par une enveloppe nucléaire.
Il est le centre organisateur qui contient, sous forme d'ADN, le plan nécessaire à la synthèse des substances biochimiques indispensables à la cellule et à la transmission du patrimoine héréditaire.</td></tr>
<tr><th colspan="2">La (les) vacuole(s)</th></tr>
<tr><td>C'est une unité de grande taille, qui occupe la majorité du volume de la cellule mature.
Elle contient essentiellement de l'eau.
L'entrée de l'eau dans la vacuole provoque son gonflement (turgescence) ; la pression ainsi exercée sur la membrane cytoplasmique assure la rigidité de la cellule et permet sa croissance rapide.
La vacuole sert également au stockage de réserves glucidiques et protéiques, de pigments ou de déchets toxiques.</td><td>Ce sont des unités généralement de petite taille chez la cellule mature, ayant diverses fonctions (digestion, sécrétion...).</td></tr>
<tr><th colspan="2">Les plastes</th></tr>
<tr><td>Ce sont des unités qui contiennent des substances de réserve ou des pigments.
Les chloroplastes, responsables de la photosynthèse, renferment les chlorophylles.</td><td>Absents</td></tr>
</table>

3 L'échelle du vivant

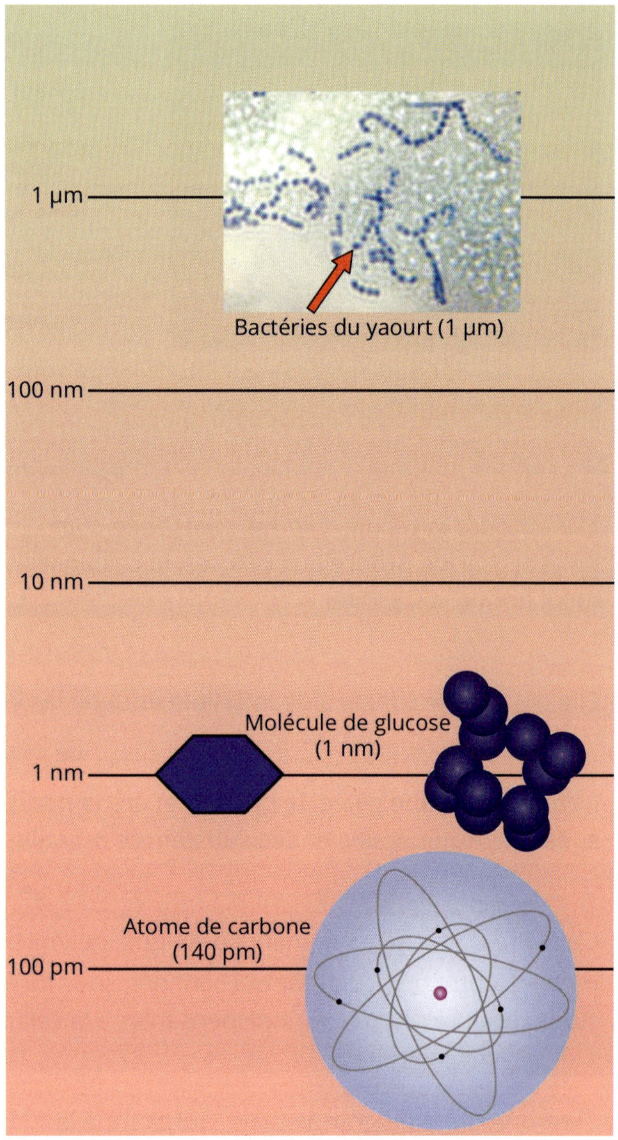

1 µm (un micromètre) = 1.10^{-6} m
1 nm (un nanomètre) = 1.10^{-9} m
1 pm (un picomètre) = 1.10^{-12} m

DOCS + Les virus sont invisibles au microscope optique. Leur taille est de l'ordre de 10 à 100 nm. Ce sont des assemblages de macromolécules incapables de réaliser seuls les principales fonctions caractéristiques des êtres vivants comme la croissance et la reproduction. Pour se reproduire, ils doivent s'introduire dans une cellule et détourner ses structures à leur profit, pouvant causer des maladies.

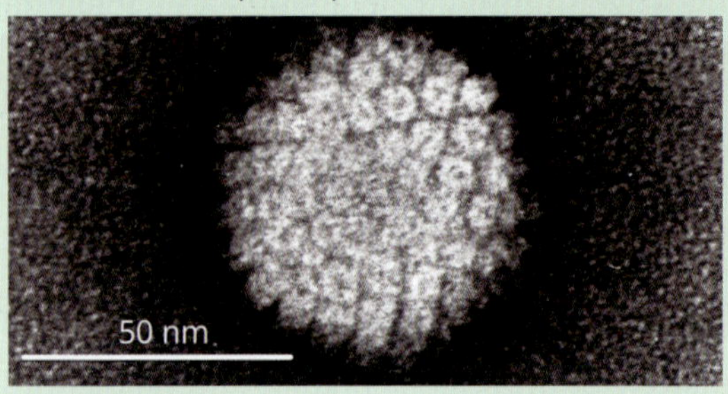

Le virus du papillome humain est responsable de verrues génitales et cutanées.

Laboratory of Tumor Virus Biology

4 Unité, mais diversité

Bien que les cellules soient bâties sur le même schéma général, elles peuvent avoir des dimensions et des formes extrêmement diverses.

Cellule de poil urticant de l'ortie *Urtica dioica*

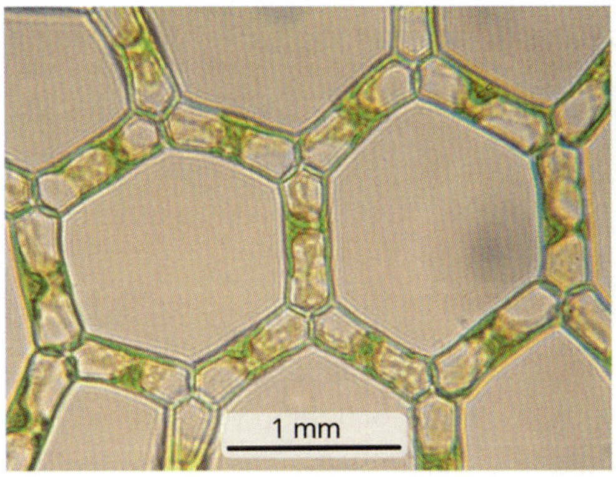

Les cellules de plantes, par exemple de l'algue *Hydrodictyon reticulatum* des étangs (à gauche), présentent des contours géométriques anguleux. Les chloroplastes sont de forme variable d'une espèce à l'autre : ceux des algues du genre *Spirogyra* (ci-dessus) ont une forme d'hélice.

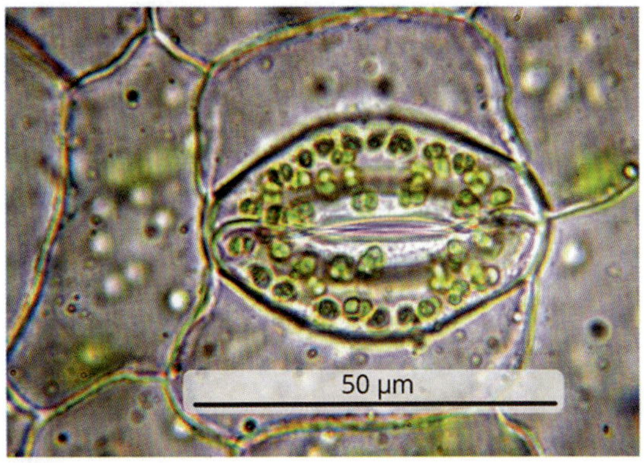

Dans l'épiderme des feuilles de plantes, des cellules en fome de croissant, les cellules de garde, forment des pores, les stomates, par lesquels s'opèrent les échanges gazeux.

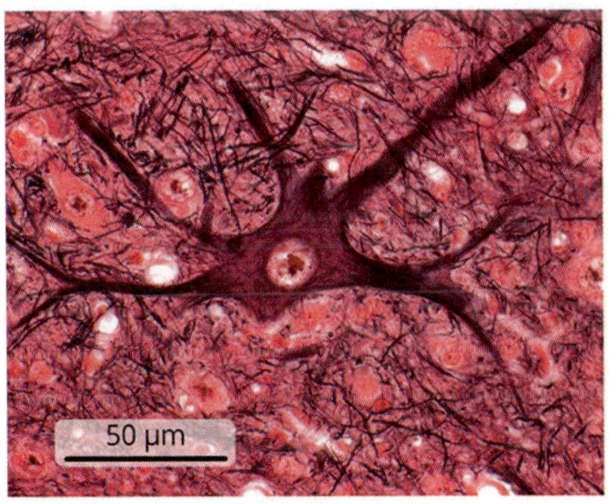

Neurone de l'encéphale humain

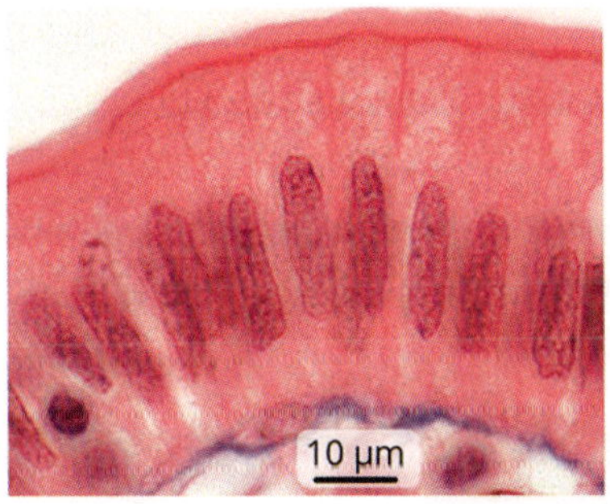

Cellules épithéliales de l'intestin grêle humain

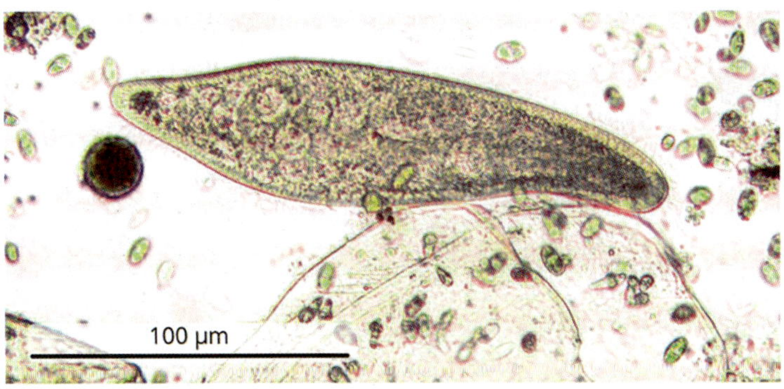

La paramécie *Paramecium caudatum* est un grand organisme unicellulaire d'eau douce.

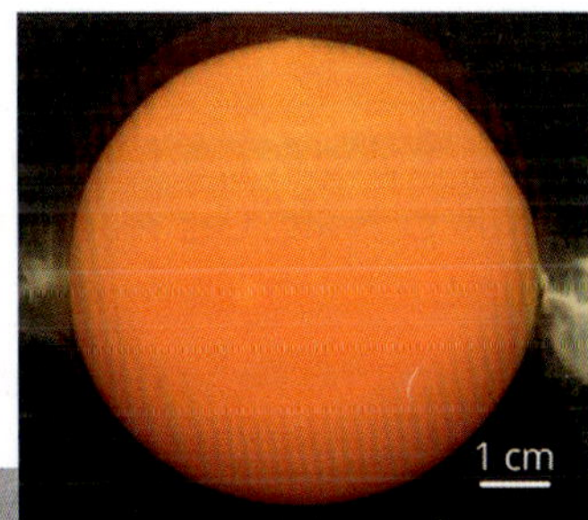

Avec son diamètre de 7 cm, le jaune de l'œuf d'autruche *(Struthio camelus)* est la cellule la plus volumineuse.

2

5 Le métabolisme cellulaire

La vie est entretenue par de nombreuses réactions biochimiques nécessitant un transfert d'énergie. Au sein des êtres vivants, l'énergie utilisée est généralement de nature chimique. Elle est contenue dans les liaisons unissant les atomes dans les molécules.

L'ensemble des réactions biochimiques se produisant à un moment donné dans la cellule est appelé **métabolisme cellulaire**.

Il existe deux catégories de réactions métaboliques.

- Les **réactions cataboliques** dégradent des molécules organiques, à forte valeur énergétique. Ces réactions libèrent de l'énergie.
  La **respiration cellulaire** en est un exemple.
  Le bilan de la respiration s'écrit :

glucose + dioxygène ⟶ dioxyde de carbone + eau + énergie

et peut être modélisé par un schéma :

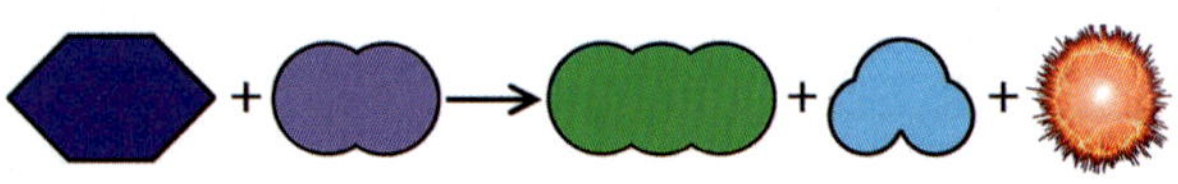

ou par l'équation bilan :

$C_6H_{12}O_6 + 6\ O_2 \longrightarrow 6\ CO_2 + 6\ H_2O$ + énergie

- Les **réactions anaboliques** assemblent de petites molécules, à faible valeur énergétique, en plus grosses. Ces réactions consomment de l'énergie.
  La **photosynthèse** en est un exemple.
  Le bilan de la photosynthèse s'écrit :

dioxyde de carbone + eau + énergie ⟶ glucose + dioxygène

et peut être modélisé par un schéma :

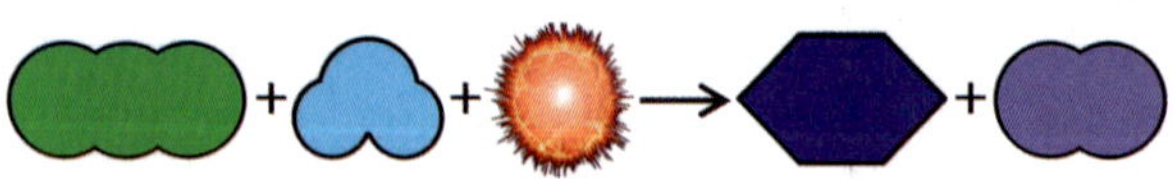

ou par l'équation bilan :

$6\ CO_2 + 6\ H_2O$ + énergie $\longrightarrow C_6H_{12}O_6 + 6\ O_2$

6

DOCS + **La mitochondrie : centrale énergétique des cellules eucaryotes**

La respiration cellulaire est une suite de nombreuses réactions chimiques qui dégradent peu à peu les molécules de glucose, et qui font intervenir un grand nombre d'enzymes. La dégradation du glucose se déroule en deux étapes, à deux endroits différents. La première étape se déroule dans le cytoplasme et produit peu d'énergie. La seconde étape se déroule au niveau des mitochondries, structures cellulaires que l'on compte par centaines dans la cellule eucaryote. Cette seconde étape produit beaucoup d'énergie.

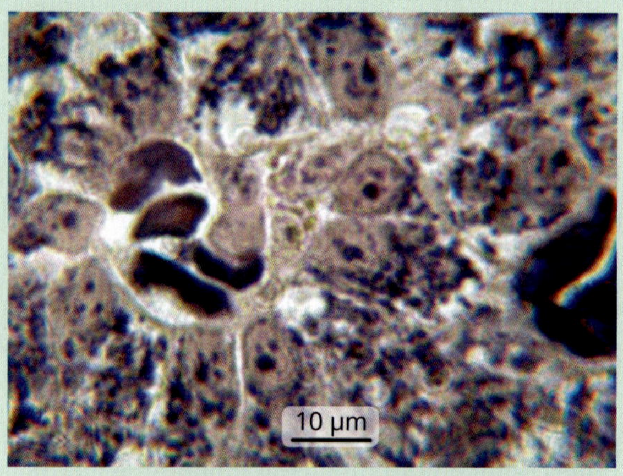

Après coloration spécifique, on observe au microscope optique (G. : 1 000 ×) les mitochondries (nombreux petits points bleu-noir) dispersées dans ces cellules de foie de grenouille. On distingue aussi, au centre de quelques cellules, les noyaux plus volumineux. Les grandes taches sombres sont les globules rouges déformés dans les capillaires sanguins.

Activités

ACTIVITÉ 1

FAMILIARISE-TOI AVEC LE MICROSCOPE – Expérimenter, observer

Matériel

Physique	Biologique	Chimique
– microscope – lames porte-objet – lamelles couvre-objet – papier millimétré	– préparation commerciale colorée de sang humain	– eau

Sors délicatement le microscope de sa boîte ou de sa housse, installe le câble électrique et branche-le.

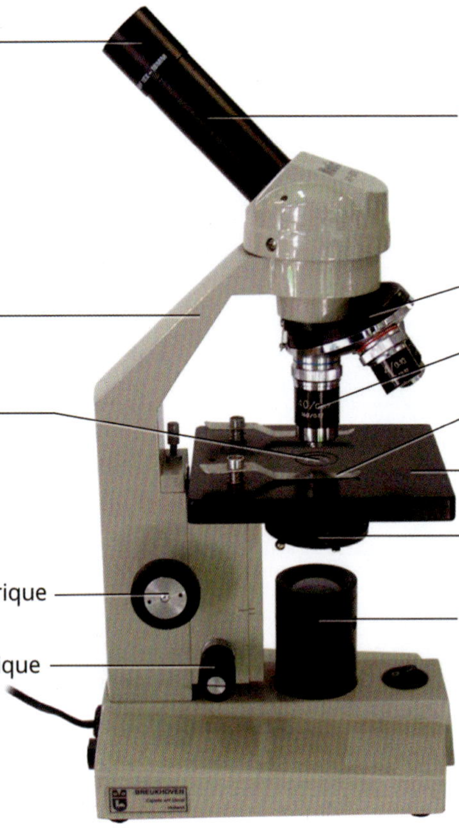

Découvre le microscope

Place le microscope avec la potence vers toi et repère :

- la **platine**, endroit où tu places la préparation que tu vas observer ;
- les **valets** : éléments utilisés pour empêcher la préparation de bouger ;
- l'**oculaire** : endroit où tu places l'œil pour observer la préparation ; sur l'oculaire, repère un nombre suivi du signe ×, qui indique le grossissement de l'oculaire ;
- les **objectifs** fixés au **barillet** : dispositifs optiques proches de l'objet à observer ; un grossissement différent est noté sur chaque objectif, le plus court étant le moins puissant.
  Le **grossissement** du microscope correspond au produit des grossissements de l'objectif et de l'oculaire.
- le **diaphragme** : dispositif contrôlant le diamètre de la zone éclairée de la préparation ;
- la vis **macrométrique** : dispositif permettant de rapprocher rapidement l'objectif de la platine ;
- la vis **micrométrique** : dispositif permettant de rapprocher lentement l'objectif de la platine.

Observe une préparation au microscope

La préparation de sang humain mise à ta disposition est un frottis sanguin. Un frottis sanguin est une goutte de sang étalée en une couche très mince, de telle façon que les cellules du sang ne se superposent pas. Les frottis sanguins sont habituellement colorés de manière à mettre en évidence les noyaux cellulaires.

1. Allume l'éclairage de ton microscope.
2. Ouvre le diaphragme pour obtenir une luminosité maximale.
3. Fais tourner le barillet pour sélectionner l'objectif de plus faible grossissement.
4. Place la préparation commerciale de sang humain sur la platine en la maintenant avec les valets. La préparation doit être au centre du trou de la platine.
5. Regarde sur le côté du microscope et rapproche le plus possible l'objectif de la platine à l'aide de la vis macrométrique, mais sans toucher la préparation.
6. Mets l'œil à l'oculaire et éloigne l'objectif en tournant lentement la vis macrométrique en sens inverse.
7. Quand tu distingues un amas de petites cellules rosées, affine la mise au point à l'aide de la vis micrométrique.
8. Recherche une zone présentant une diversité de cellules. Le déplacement apparent de la préparation se fait en sens inverse du déplacement réel ; lorsque tu pousses la préparation vers la droite, l'image se déplace vers la gauche, lorsque tu pousses la préparation vers le haut, l'image se déplace vers le bas.
9. Tourne le barillet pour passer au grossissement moyen et affine la mise au point uniquement à l'aide de la vis micrométrique. Réduis l'ouverture du diaphragme sans trop assombrir l'image.
10. Pour observer au fort grossissement, pratique de la même manière.
11. Identifie les composants du sang et précise quelles sont les cellules les plus abondantes du tissu sanguin en t'aidant des informations suivantes :
    - matrice liquide : plasma ;
    - cellule arrondie, rosée, sans noyau : globule rouge ;
    - cellule à noyau en forme de haricot : monocyte ;
    - cellule à noyau arrondi occupant presque toute la cellule : lymphocyte ;
    - cellule au contenu granuleux et au noyau lobé : granulocyte ;
    - petit fragment cellulaire (formes variées) : plaquette.

Évalue la taille d'une cellule

1. Découpe une languette de papier millimétré.
2. Humidifie-la et place-la entre lame porte-objet et lamelle couvre-objet.
3. Place ta préparation sur la platine du microscope en la maintenant avec les valets. Ta préparation doit être au centre du trou de la platine.
4. Observe au faible grossissement. Évalue le diamètre du champ d'observation.
5. Observe aux grossissements supérieurs. Décris ce que tu observes. Peux-tu donner le diamètre du champ d'observation ?
6. Pour un microscope donné, avec le même oculaire, le diamètre du champ d'observation est inversement proportionnel au grossissement de l'objectif. Pour les différents grossissements du microscope, indique le diamètre du champ d'observation.

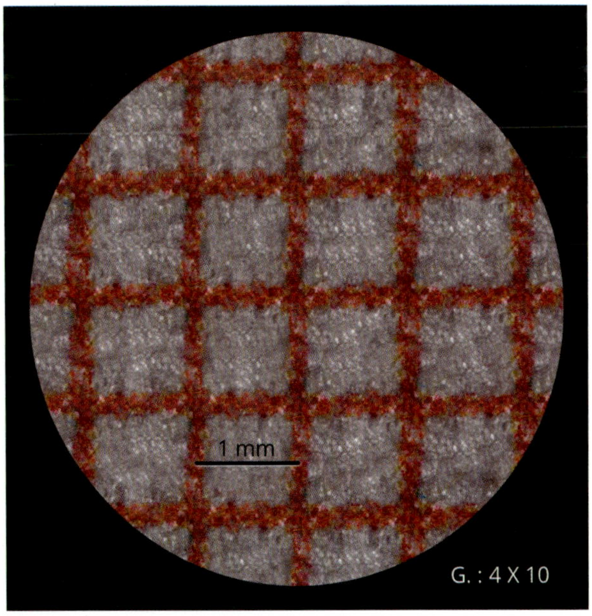

Avec le microscope utilise dans cet exemple, au grossissement 4 × 10, le diamètre du champ d'observation mesure environ 4,5 mm. Dès lors, à 40 × 10, le diamètre du champ d'observation vaut 10 fois moins, soit environ 0,45 mm ou 450 µm.

ACTIVITÉ 2

DESSINE CORRECTEMENT CE QUE TU OBSERVES – Traduire une observation par un dessin

Matériel

Physique
– crayon noir – gomme – feuille blanche – latte

Les dessins sont très importants pour t'aider à observer puis comprendre et mémoriser tes observations. Mais il ne s'agit pas de dessiner n'importe comment, il faut trouver un compromis entre ce que tu vois vraiment et une simplification exagérée. Si tu te crois « mauvais » en dessin, ne te décourage pas : les règles suivantes vont t'aider.

1. **Pour réaliser un bon dessin, tu dois être soigneux.**
   - Utilise un crayon noir bien taillé et une feuille blanche non lignée ni quadrillée.
   - Trace des traits uniques et sans raccord.
   - Trace à la règle les traits de légende, non fléchés et qui ne se croisent pas.

2. **Pour réaliser un bon dessin, tu dois être précis.**
   - Fais un dessin le plus précis possible en respectant les proportions et les formes des structures observées.
   - Représente en quelques exemplaires les structures présentes plusieurs fois.

3. **Pour réaliser un bon dessin, tu dois être complet.**
   - Écris le titre complet, souligné.
   - Écris les légendes hors dessin, alignées du même côté.
   - Inscris ton nom.
   - Indique le type de coloration ou l'absence de coloration.
   - Indique les grossissements du microscope (objectif × oculaire).
   - Indique la taille moyenne des cellules ou un trait d'échelle.

Voici comment traduire par un dessin l'observation de cellules non colorées de feuille d'élodée à feuilles alternes *(Lagarosiphon major)* observées au microscope optique. Les corpuscules verdâtres sont des chloroplastes.

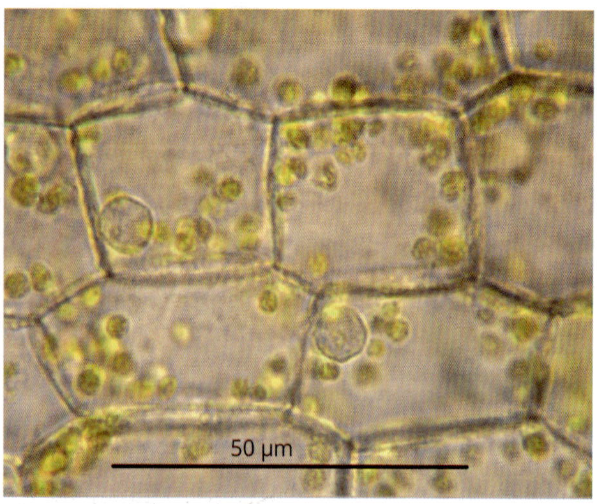

Cellules de feuille d'élodée

Cellule de feuille d'élodée

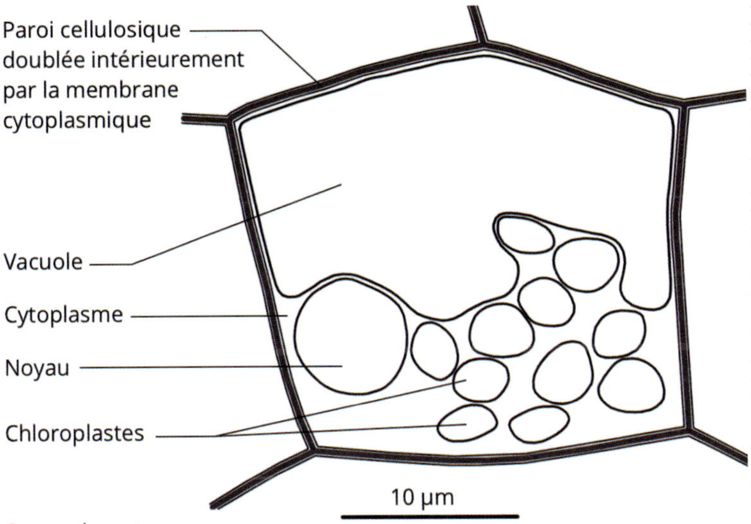

Sans colorant

Grossissement : 40 × 10

Eric Vanine

Voici les erreurs à éviter.

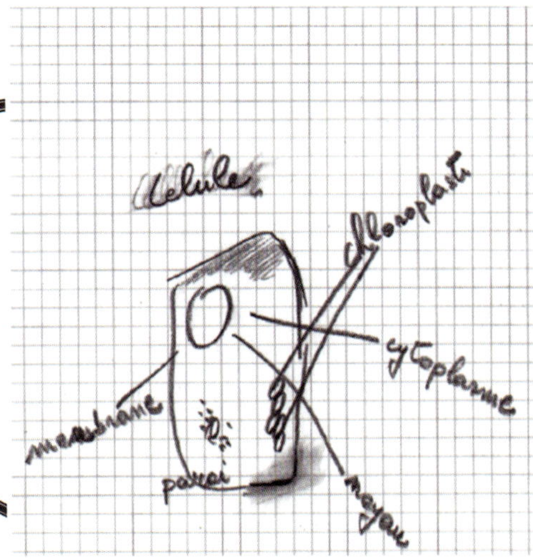

Observe au microscope la préparation de sang humain (activité 1) et réalise un dessin représentant quelques cellules du tissu sanguin.

ACTIVITÉ 3

QUELLE EST L'UNITÉ DE BASE DES PLANTES ? – Utiliser le microscope, réaliser et observer des préparations microscopiques, présenter sous une autre forme (réalité → dessin)

Matériel

Physique	Biologique	Chimique
– microscope – lames porte-objet – lamelles couvre-objet – 2 pinces fines – petit couteau ou scalpel – papier absorbant – pipette ou flacon compte-gouttes	– quelques tiges feuillées d'une mousse du genre *Mnium* ou d'un genre apparenté, à conserver dans un petit pot ferme, sur un papier absorbant imprégné d'eau – rameau d'élodée – poivron rouge	– eau

Observe des cellules de mousses

Les mnies sont diverses espèces de mousses appartenant aux genres *Mnium*, *Plagiomnium* et *Rhizomnium*, que l'on peut récolter dans les lieux humides et ombragés des bords de chemins creux ou des pelouses. Parmi les mousses, les mnies sont remarquables par la grande taille de leurs feuilles (3 mm ou plus de longueur) et la couche unique de cellules qui les constitue ; elles se prêtent particulièrement à la manipulation de leurs feuilles et à l'observation microscopique de leurs cellules.

La mnie ondulée *(Plagiomnium undulatum)* se reconnaît aisément à ses feuilles allongées et ondulées.

2

1. À l'aide d'une pince fine, prélève une tige feuillée de mousse et maintiens-la comme montré sur la photo ci-contre.

2. À l'aide de la deuxième pince fine, de l'autre main, arrache délicatement une feuille intacte en la saisissant à sa base.

3. Dépose la feuille dans une goutte d'eau disposée au centre d'une lame porte-objet.

4. Recouvre la goutte d'eau d'une lamelle couvre-objet en l'inclinant graduellement pour permettre aux bulles d'air de se dégager.

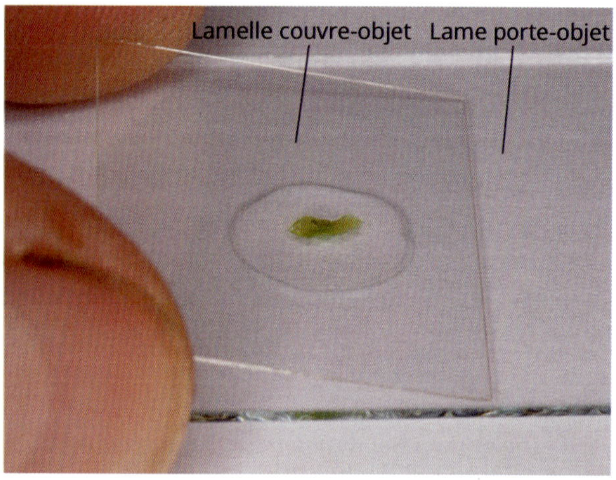

5. Presse délicatement l'ensemble afin d'évacuer l'excès d'eau.
6. Si nécessaire, essuie l'excès d'eau avec un papier absorbant.
7. Observe ta préparation au microscope. Ta préparation est réussie si :
   - la feuille de mousse est bien étalée ;
   - il n'y a pas de bulles d'air.
8. Repère :
   - la paroi cellulosique délimitant la cellule, et à laquelle est intérieurement accolée la membrane cytoplasmique, trop fine pour être distinguée ;
   - les nombreux chloroplastes colorés naturellement en vert ;
   - éventuellement, en fonction de l'état d'hydratation de la feuille, la grande vacuole transparente.
9. Évalue la taille d'une cellule.
10. Réalise un dessin légendé de quelques cellules observées au fort grossissement.

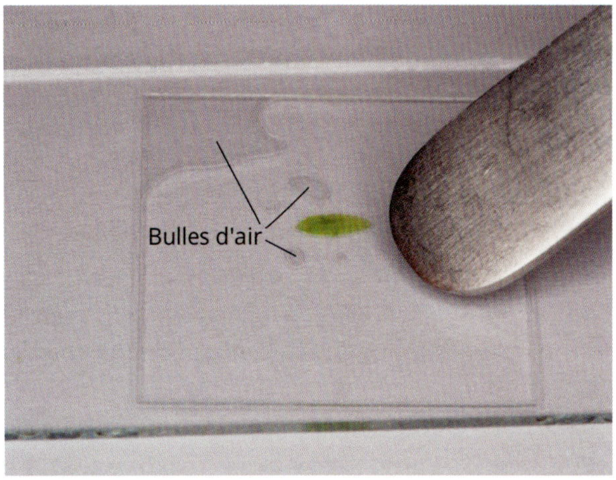

Observe des cellules de feuilles d'élodée

Les élodées sont des plantes exotiques d'eau douce utilisées par les aquariophiles. Elles ont été rejetées dans le milieu naturel et ont envahi les eaux stagnantes et courantes.

L'élodée du Canada *(Elodea canadensis)*

1. À l'aide de la pince, arrache délicatement une jeune feuille près du sommet d'un rameau d'élodée.
2. Dépose-la sur une lame porte-objet dans une goutte d'eau et recouvre d'une lamelle couvre-objet.
3. Éponge l'excès d'eau à l'aide d'un papier absorbant.
4. Observe aux différents grossissements. Les cellules étant relativement épaisses, manœuvre sans cesse légèrement la vis micrométrique afin de mettre au point dans tout le volume cellulaire et repère :
   - la paroi cellulosique délimitant la cellule, et à laquelle est intérieurement accolée la membrane cytoplasmique, trop fine pour être distinguée ;
   - la grande vacuole transparente ;
   - le cytoplasme incolore repoussé en périphérie par la vacuole ;
   - dans le cytoplasme, les nombreux chloroplastes colorés naturellement en vert et qui circulent lentement autour de la vacuole, entraînés par les courants cytoplasmiques ;
   - le noyau.
5. Évalue la taille d'une cellule.
6. Réalise un dessin légendé de quelques cellules observées au fort grossissement.

2 Observe des cellules d'épiderme de poivron rouge

Le poivron *(Capsicum annuum)* est une plante cultivée dans le monde entier pour ses fruits consommés comme légumes.

1. Prélève un fragment le plus fin possible de l'épiderme du poivron rouge.
2. Sur un papier absorbant, à l'aide du scalpel ou du couteau, élimine le plus possible, la pulpe attachée à l'épiderme de manière à obtenir une préparation très fine.
3. Dépose l'épiderme décapé dans une goutte d'eau disposée au centre d'une lame porte-objet.
4. Prends une lamelle couvre-objet entre les doigts sans laisser de traces de doigts sur la surface et dépose-la sur le fragment en l'inclinant graduellement pour permettre aux bulles d'air de se dégager.
5. Presse délicatement l'ensemble afin d'évacuer l'excès d'eau.
6. Si nécessaire, essuie l'excès d'eau avec un morceau de papier absorbant.
7. Observe ta préparation au microscope aux différents grossissements. Repère un endroit où ta préparation est moins épaisse, souvent près des bords du fragment d'épiderme. Manœuvre sans cesse légèrement la vis micrométrique afin de mettre au point dans tout le volume cellulaire.
8. Ta préparation est réussie si :
   - le fragment d'épiderme est bien étalé ;
   - le fragment est suffisamment mince pour ne présenter qu'une ou deux couches de cellules ;
   - il n'y a pas de bulles d'air.
9. Repère :
   - la paroi cellulosique délimitant la cellule, et à laquelle est intérieurement accolée la membrane cytoplasmique, trop fine pour être distinguée ;
   - le cytoplasme ;
   - les chromoplastes, nombreux petits grains rougeâtres dispersés dans le cytoplasme ;
   - le noyau au sein duquel apparaît une petite structure sphérique, le nucléole.
10. Évalue la taille d'une cellule.
11. Réalise un dessin légendé d'une cellule et de la zone de contact avec ses voisines au fort grossissement.

Caractérise la cellule végétale

Réalise la synthèse de tes observations sous la forme d'un tableau comparatif entre les cellules de mousse, d'élodée et de poivron rouge.

ACTIVITÉ 4

QUELLE EST L'UNITÉ DE BASE DES ANIMAUX ? – Utiliser le microscope, réaliser et observer des préparations microscopiques, présenter sous une autre forme (réalité → dessin)

Matériel

Physique	Biologique	Chimique
– microscope – lames porte-objet – lamelles couvre-objet – scalpel – papier absorbant – pipettes – papier collant transparent	– tes cellules de peau – foie frais de lapin, poulet, porc…	– eau – solution de Lugol – solution de bleu de méthylène

Observe des cellules de ta peau

1. Découpe un petit morceau de papier collant. Applique-le sur le dos d'une de tes mains et presse-le plusieurs fois afin qu'il adhère correctement à la peau.

2. Retire le papier collant et colle-le sur une lame porte-objet ; presse-le plusieurs fois afin qu'il adhère correctement à la lame porte-objet.
3. Retire délicatement le papier collant.
4. À l'aide d'une pipette, dépose une goutte d'eau sur la préparation.
5. Prends une lamelle couvre-objet entre les doigts sans laisser de traces de doigts sur la surface et dépose-la sur la préparation en l'inclinant graduellement pour permettre aux bulles d'air de se dégager.
6. Si nécessaire, essuie l'excès d'eau avec un morceau du papier absorbant.
7. Observe ta préparation au microscope, d'abord au faible grossissement, puis aux autres grossissements.
8. Évalue la taille d'une cellule.
9. Réalise un dessin légendé de quelques cellules observées au fort grossissement.

Utilise des colorants

Maintenant que tu as observé de la peau humaine sans coloration, tu peux faire une nouvelle préparation microscopique en utilisant des colorants.

1. Découpe un petit morceau de papier collant. Applique-le sur le dos d'une de tes mains et presse-le plusieurs fois afin qu'il adhère correctement à la peau.
2. Retire le papier collant et colle-le sur une lame porte-objet ; presse-le plusieurs fois afin qu'il adhère correctement à la lame porte-objet.
3. Retire délicatement le papier collant.
4. Pour éviter de salir la paillasse, mets un papier absorbant en dessous de ta préparation.
5. Dépose avec une pipette deux gouttes du colorant bleu de méthylène sur ta préparation, étale-les bien, laisse agir 2 minutes.
6. Rince ta préparation en faisant couler un peu d'eau prélevée à l'aide d'une pipette.
7. Ajoute si nécessaire une goutte d'eau et place une lamelle couvre-objet sur ta préparation.
8. Observe-la au microscope.
9. L'utilisation du colorant permet-elle de nouvelles observations ? Si oui, lesquelles ?
10. Réalise un dessin de quelques cellules que tu observes au fort grossissement.

Observe des cellules de foie

1. Gratte avec la pointe du scalpel la surface tranchée du morceau de foie et dépose ton échantillon sur une lame porte-objet.
2. À l'aide du scalpel, dissocie au maximum l'échantillon pour séparer les cellules le mieux possible.
3. Ajoute une goutte de lugol et laisse agir trois minutes.
4. Rince délicatement à l'eau.
5. Recouvre d'une lamelle couvre-objet et éponge à l'aide d'un papier absorbant l'excès de liquide sur la lame et la lamelle.
6. Place ta préparation sous le microscope.
7. Sélectionne l'endroit où les cellules sont bien dissociées et bien colorées.
8. Observe au fort grossissement et manœuvre sans cesse légèrement la vis micrométrique afin de mettre au point dans tout le volume cellulaire et repère :
   - les cellules dissociées de forme arrondie et de tailles diverses ;
   - l'unique noyau dans les plus petites cellules et les deux voire trois noyaux dans les plus grandes ;
   - le glycogène coloré en brun acajou en présence de lugol ;
   - les diverses granulations présentes dans le cytoplasme.
9. Évalue la taille moyenne d'une cellule.
10. Réalise un dessin légendé de quelques cellules.

Caractérise la cellule animale

Réalise la synthèse de tes observations sous la forme d'un tableau comparatif entre des cellules de peau et des cellules de foie.

ACTIVITÉ 5

OBSERVATION DE BACTÉRIES – Utiliser le microscope, réaliser et observer des préparations microscopiques, présenter sous une autre forme (réalité → dessin)

Les bactéries sont des organismes unicellulaires qui occupent tous les milieux. Certaines se développent dans nos aliments comme le yaourt, qui est un lait fermenté obtenu essentiellement sous l'action de deux espèces de bactéries : *Lactobacillus bulgaricus* et *Streptococcus thermophilus*. Selon les normes internationales, un yaourt doit contenir au minimum 10 millions de bactéries par gramme.

Matériel

Physique	Biologique	Chimique
– microscope – lames porte-objet – lamelles couvre-objet – pipettes	– yaourt nature maigre	– eau – éthanol dénaturé – solution de bleu de méthylène

Réalise une préparation microscopique

1. Mélange une goutte de yaourt avec une goutte d'eau près de l'extrémité d'une lame porte-objet.
2. Réalise un fin frottis comme représenté ci-dessous et laisse sécher.

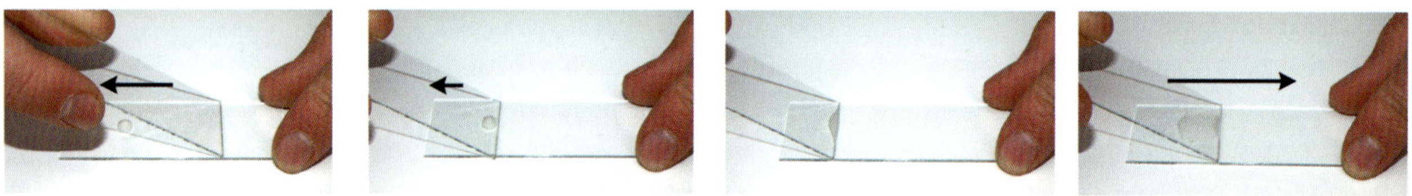

3. Ajoute, à l'aide d'une pipette, trois gouttes d'éthanol en les répartissant sur le frottis ; laisse agir 2 minutes.
4. Rince délicatement avec de l'eau.
5. Ajoute une goutte de bleu de méthylène en la répartissant sur le frottis ; laisse agir 2 minutes.
6. Rince délicatement avec de l'eau.
7. Recouvre d'une lamelle couvre-objet.

Observe ta préparation au microscope

1. Place la préparation sous le microscope.
2. Observe au grossissement de 400 × au minimum en respectant les règles d'utilisation du microscope.
3. Certaines bactéries ont une forme sphérique, d'autres une forme de bâtonnet. Certaines sont isolées, d'autres sont groupées en chapelet.
   Donne une estimation de la taille des bactéries.
4. Réalise un dessin légendé d'une partie du champ observé.
5. Sachant que les bactéries sphériques portent le nom de coque et celles en bâtonnet le nom de bacille, identifie sur ton dessin les deux espèces de bactéries citées dans le texte introductif.

Compare

1) À l'issue des activités 3, 4 et 5 de ce chapitre, réalise la synthèse de tes observations sous forme d'un tableau comparatif entre les cellules végétales, les cellules animales et les bactéries.
2) Compare l'ordre de grandeur de ces cellules avec la taille de la molécule de glucose présentée à la page 16.

ACTIVITÉ 6 LA CELLULE – Analyser, interpréter, argumenter

La microphotographie ci-contre a été réalisée au microscope optique.

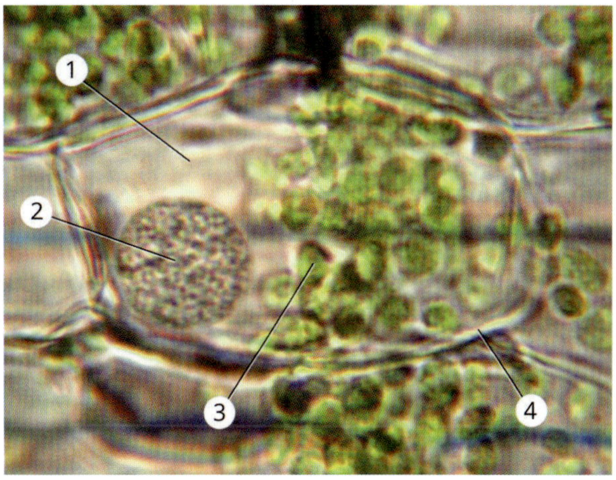

1) Attribue une légende à chaque numéro de l'illustration.

2) S'agit-il d'une cellule procaryote ou eucaryote ? Justifie.

3) S'agit-il d'une cellule bactérienne, animale ou végétale ? Justifie.

4) Quelle réaction métabolique se déroule dans la structure portant le n° 3 ?
Est-ce une réaction catabolique ou une réaction anabolique ?
Écris le bilan de cette réaction.

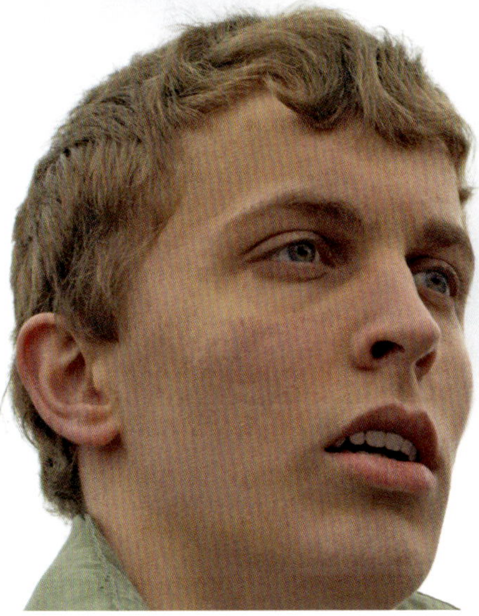

3 Inspirer, transporter, échanger, expirer

La réalisation de toutes les fonctions des cellules de notre corps nécessite l'approvisionnement continu en nutriments et en dioxygène, qu'il faut acheminer. Par ailleurs, le fonctionnement cellulaire produit des déchets divers qui, s'ils restaient dans les cellules ou dans le sang, finiraient par s'accumuler en quantités excessives ou par empoisonner l'organisme : il faut donc les évacuer.
Le système respiratoire et le système circulatoire vont travailler de concert à la réalisation d'une partie importante de ces activités vitales de transport.

À LA FIN DE CE CHAPITRE, TU SERAS CAPABLE DE...

SAVOIR

a. Définir et utiliser les mots-clés apparaissant en rouge dans ce chapitre.
b. Retracer, sur un schéma, le trajet suivi par l'air depuis son entrée par les narines jusque dans les alvéoles pulmonaires.
c. Identifier les principaux organes du système respiratoire, déterminer leur position et leurs principaux rôles.
d. Expliquer les mouvements de ventilation et leur régulation.
e. Connaître les volumes d'air échangés au niveau des poumons.
f. Légender des documents sur l'anatomie du cœur.
g. Distinguer les différents vaisseaux sanguins et leurs fonctions respectives.
h. Retracer le trajet suivi par le sang.
i. Comprendre et expliquer les battements cardiaques.
j. Citer les acteurs participant à la régulation du système cardio-vasculaire.
k. Citer les constituants du sang et leurs rôles.
l. Expliquer les échanges gazeux.
m. Expliquer le mode de transport du dioxygène et du dioxyde de carbone.
n. Distinguer les termes respirer et ventiler.

SAVOIR FAIRE

a. Présenter un schéma fonctionnel du système respiratoire et du système circulatoire.
b. Schématiser et légender les systèmes respiratoire et circulatoire.
c. Distinguer et lier mouvements respiratoires et battements du cœur.
d. Mettre en évidence, quantifier et analyser les manifestations cardiaques et pulmonaires (battements, pulsations, volumes).
e. Sur base de documents, identifier les principaux composants du sang et les différents vaisseaux sanguins.
f. Interpréter et comparer des analyses de sang.
g. Analyser des documents d'actualité, en dégager les informations pertinentes et en tirer des règles d'hygiène.
h. Réaliser une dissection.

3

1 Le grand voyage de l'air

Le **système respiratoire** de l'Homme comprend les poumons, qui sont les organes d'échange entre l'air et le sang, et les **voies respiratoires**, qui permettent les **échanges gazeux** entre le milieu extérieur et les poumons. Les voies respiratoires comprennent les narines, les fosses nasales, le pharynx, le larynx, la trachée et les bronches.

1.1 Les voies respiratoires

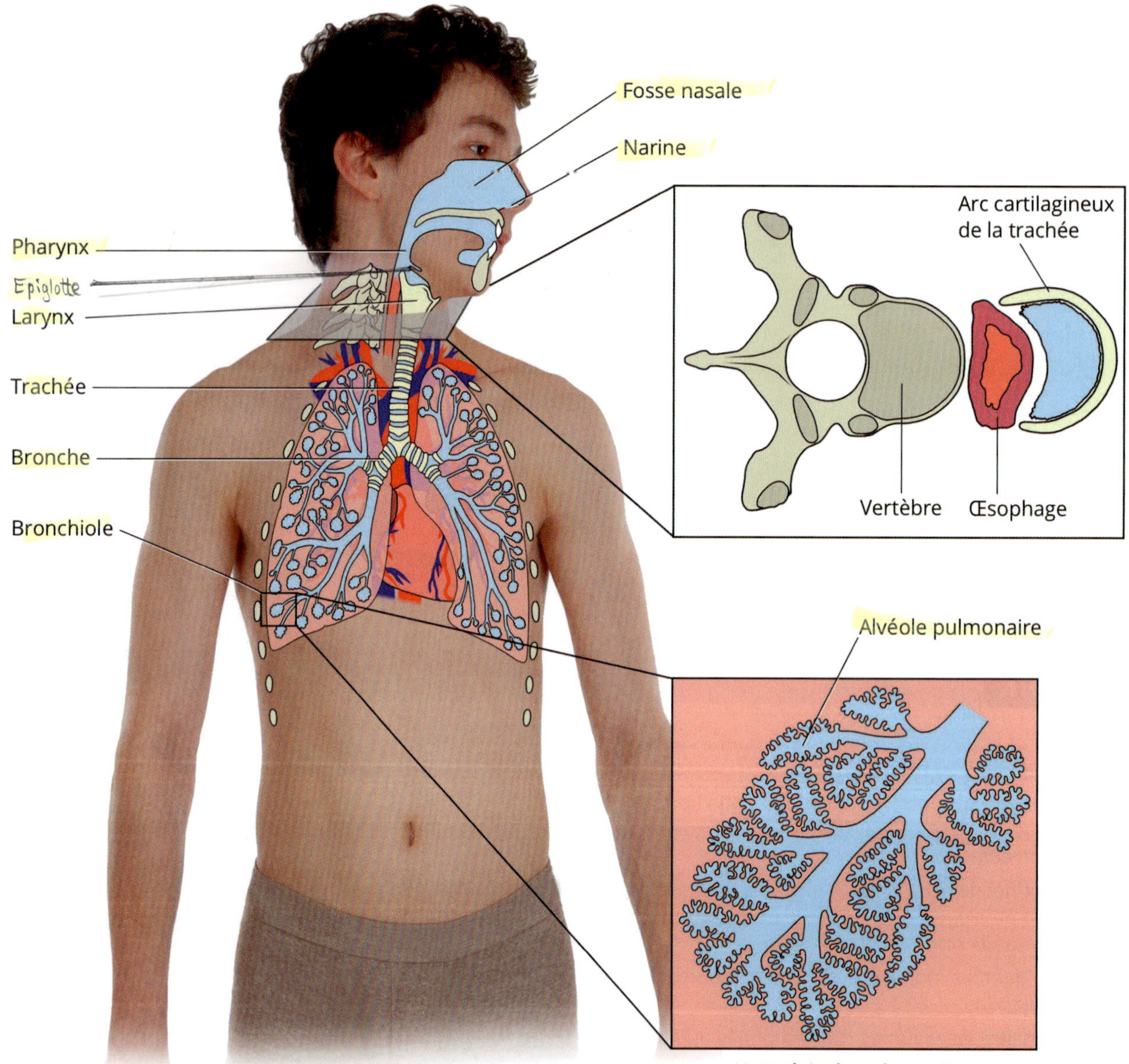

Une vésicule pulmonaire

Les **narines** sont deux orifices qui permettent l'entrée de l'air dans les fosses nasales.

Les **fosses nasales** sont des cavités séparées par une cloison verticale et isolées de la bouche par le palais.
Elles sont tapissées d'une muqueuse qui :
- empêche la pénétration des petites particules et des microbes grâce à l'action de poils et du **mucus**, liquide collant ;
- réchauffe l'air grâce à de nombreux capillaires et l'humidifie.

Le **pharynx** est un organe creux d'environ 13 cm de longueur chez l'adulte, commun aux voies digestive et respiratoire.
Les aliments seront dirigés vers l'œsophage tandis que l'air passe dans le larynx.
C'est dans la partie supérieure du pharynx que se trouvent les amygdales, organes du système immunitaire.

Le **larynx** est un large conduit maintenu ouvert par des anneaux de cartilage. Un cartilage particulier, l'épiglotte, est maintenu en position relevée en temps normal, mais bouche automatiquement l'entrée du larynx pendant la déglutition. Si, malgré tout, des particules passent dans le larynx, le réflexe de la toux les expulse.

L'air arrive dans la **trachée**, conduit large de 1,2 cm, long de 12 cm, muni d'anneaux incomplets de cartilage. L'œsophage est accolé sur la face postérieure de la trachée ; cette face, dépourvue de cartilage, est souple et molle, et permet à l'œsophage de se dilater lors du passage du bol alimentaire.
Du **mucus** tapisse la paroi interne de la trachée ; il retient les poussières et est rejeté vers le haut par les mouvements synchronisés de cils microscopiques.

La trachée se ramifie en deux **bronches** munies d'anneaux complets de cartilage. Chacune pénètre dans un des poumons, où elle se ramifie de nombreuses fois en bronches secondaires.
Les bronches secondaires se ramifient en **bronchioles** se terminant chacune par un petit sac boursouflé, la **vésicule pulmonaire**.

DOCS + Les fosses nasales communiquent avec de petites cavités creusées dans les os du crâne, les sinus. Ceux-ci allègent le squelette crânien et servent de caisse de résonance à la voix. L'inflammation des sinus s'appelle la sinusite.

Les fosses nasales reçoivent par ailleurs les larmes par l'intermédiaire d'un petit conduit.

L'organe de l'olfaction (odorat) est localisé au niveau du plafond des fosses nasales ; ses cellules sont directement reliées au cerveau.

DOCS + Deux replis transversaux, les cordes vocales, peuvent vibrer au passage de l'air, générant l'émission des sons. Lorsque l'on inspire ou expire, les cordes vocales sont maintenues de côté (a) ; lorsque l'on produit des sons, les cartilages du larynx sont accolés par l'action de muscles et une fente est créée (b). La tension des cordes vocales vibrantes détermine la hauteur du son. Le cartilage antérieur du larynx est appelé pomme d'Adam (c) ; il est plus développé chez les hommes que chez les femmes.

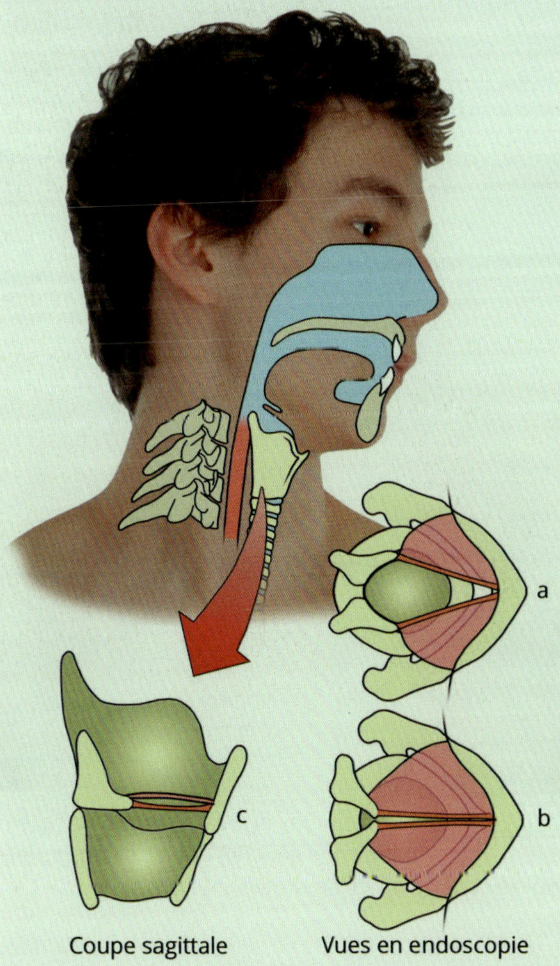

1.2 Les poumons

Avec le cœur, les deux **poumons** occupent toute la **cage thoracique**, délimitée à l'avant par le sternum, à l'arrière par la colonne vertébrale, latéralement par les côtes et en bas par un muscle, le **diaphragme**. Le poumon droit est constitué de 3 lobes alors que le gauche n'en comporte que 2.

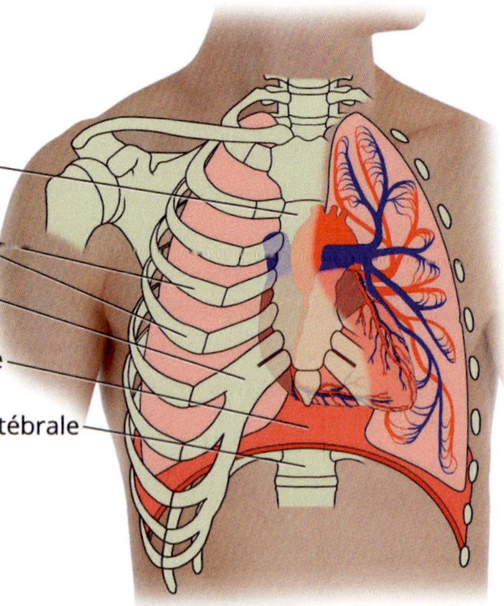

La cage thoracique

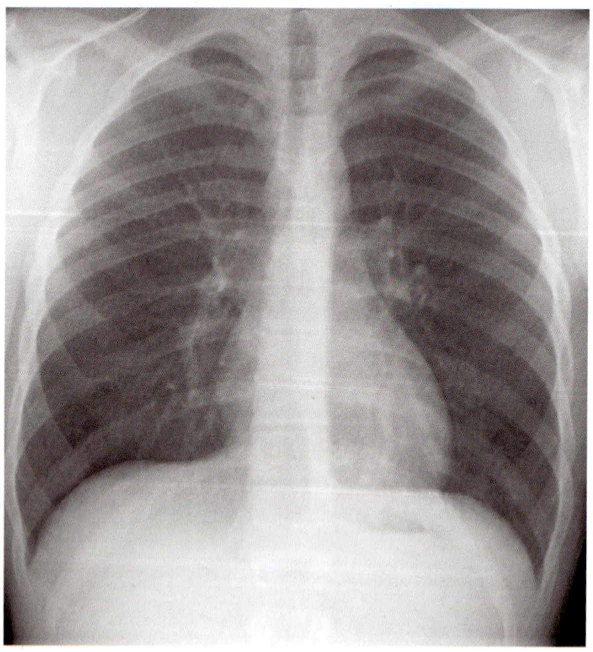

Radiographie des poumons et du cœur, vue de face
La réduction du poumon gauche, qui laisse de la place pour le cœur, est nettement visible.

La surface externe des poumons est enveloppée par deux feuillets de tissus appelés **plèvre**. L'un des deux feuillets adhère aux poumons, l'autre tapisse la cage thoracique et le diaphragme.
Les deux feuillets sont séparés par une couche très mince de liquide pleural qui leur permet des mouvements de glissement mais empêche leur séparation.
Au sein du tissu pulmonaire, les bronchioles sont si nombreuses, environ 700 millions pour les deux poumons, qu'on désigne leur ensemble par l'expression « arbre bronchique ».
Une vésicule pulmonaire est composée de nombreuses **alvéoles pulmonaires** aux parois extrêmement minces. La vésicule pulmonaire peut être comparée à une grappe de dattes dont les fruits seraient les alvéoles.
La surface alvéolaire permet les **échanges gazeux** entre l'air et le sang. La surface totale des alvéoles pulmonaires, compte tenu de tous les replis, est de 100 m^2 ce qui équivaut à la moitié d'un terrain de tennis.

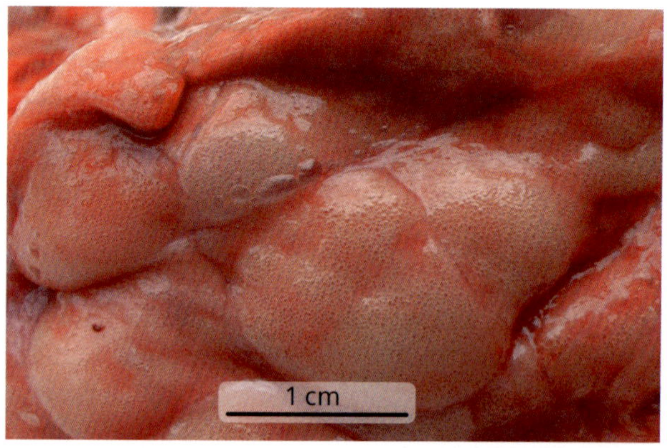

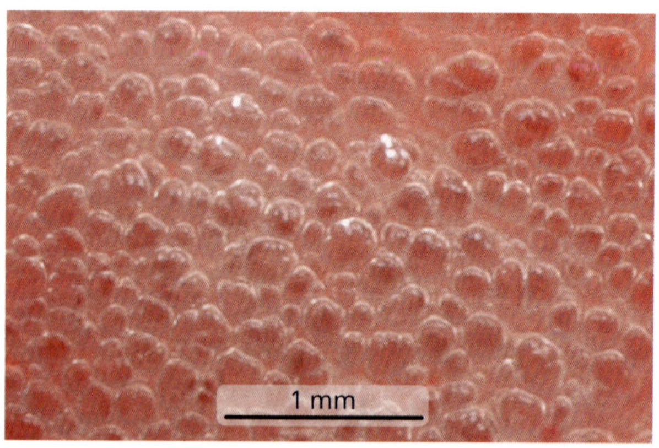

Les poumons sont des organes constitués essentiellement de conduits, de vésicules et d'alvéoles, ce qui leur donne une consistance molle et spongieuse.

2 Les mouvements respiratoires

2.1 L'inspiration et l'expiration

Le cycle respiratoire comporte deux mouvements, l'**inspiration** et l'**expiration**. Ils ont pour effet de renouveler l'air alvéolaire : c'est la **ventilation pulmonaire**.
L'air extérieur ne peut communiquer avec l'intérieur des poumons qu'en empruntant les voies respiratoires.

Lors des mouvements respiratoires, les poumons sont passifs : ils suivent les mouvements de la cage thoracique. Ce sont les augmentations et diminutions de volume de la cage thoracique qui entraînent l'entrée et la sortie de l'air dans le système respiratoire.

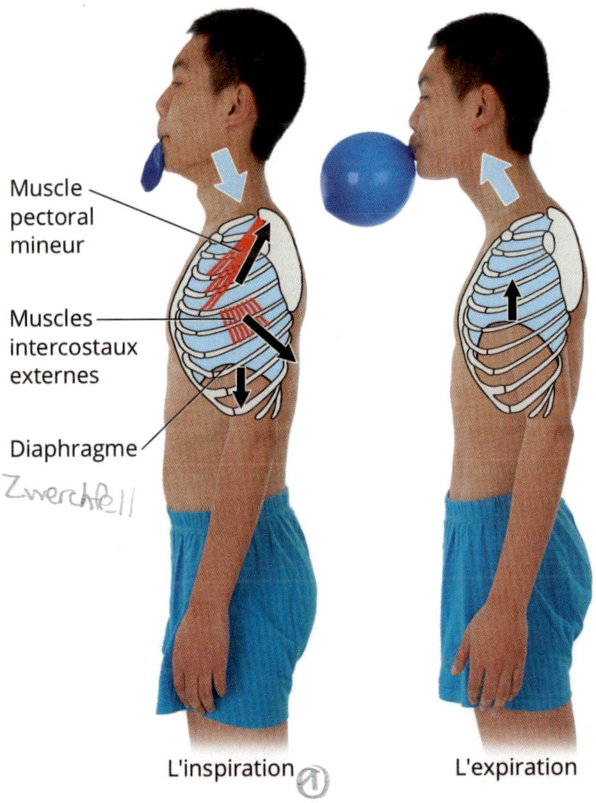

Lors de l'**inspiration**, les muscles pectoraux mineurs, le diaphragme et les **muscles intercostaux** se contractent, provoquant l'augmentation du volume de la cage thoracique et, par conséquent, celle des poumons. Une dépression s'ensuit à l'intérieur de ceux-ci et de l'air atmosphérique y entre.

À l'**expiration**, le relâchement des muscles entraîne la diminution du volume de la cage thoracique. Les poumons sont compressés et l'air, comprimé à son tour, en sort. L'expiration calme est un phénomène passif. En expiration forcée, certains muscles se contractent, ce qui accentue l'expiration et la rend partiellement active.

2.2 Les volumes d'air échangés

La capacité pulmonaire totale est de 5 L mais peut atteindre 7 L chez des athlètes bien entraînés.

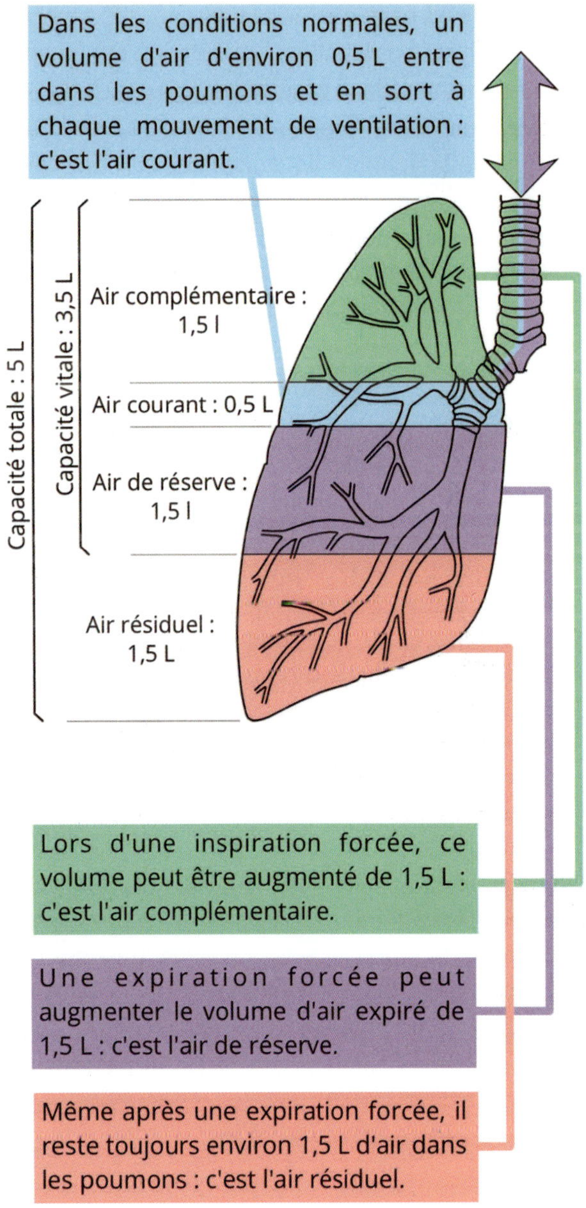

2.3 La régulation

Le **système nerveux**, en particulier le bulbe rachidien, régule l'**amplitude de ventilation** (l'importance des variations de volume de la cage thoracique) ainsi que la **fréquence de ventilation** (le nombre de mouvements par unité de temps).

Divers facteurs augmentent l'amplitude et la fréquence, comme l'élévation de la température, l'augmentation de la concentration sanguine en dioxyde de carbone dans le sang... D'autres influences, comme une vive émotion, peuvent au contraire bloquer la respiration pendant un court instant. On a le souffle coupé.

Il est possible, dans une certaine mesure, de contrôler volontairement sa ventilation, par exemple quand on avale, parle ou nage. Cependant, la capacité à retenir le souffle n'est pas illimitée. L'inspiration est en effet un mécanisme réflexe géré par le bulbe rachidien et dont le stimulus est l'augmentation, au-delà d'un seuil critique, de la quantité de dioxyde de carbone dans l'organisme. Il est impossible de retenir le souffle après avoir accompli un effort intense, car le bulbe rachidien prend le pas sur la volonté.

Le rythme du cycle respiratoire s'installe progressivement au cours de la vie. Le nouveau-né respire 40 à 50 fois par minute, l'adolescent 20 fois, et l'adulte de 16 à 18 fois.

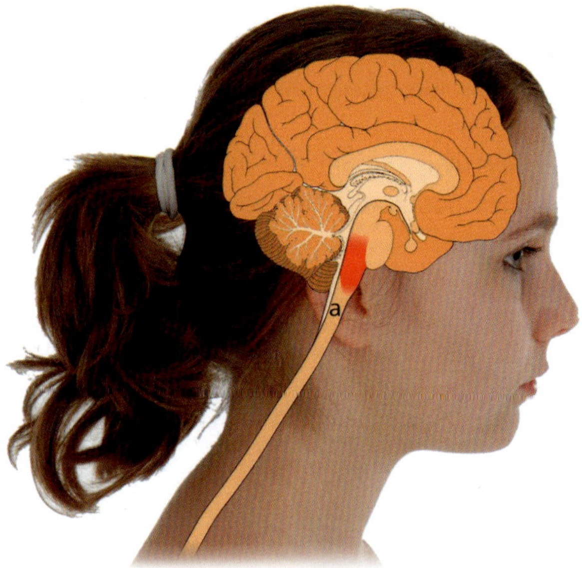

Le bulbe rachidien (en rouge sur le dessin) est la partie de l'encéphale située dans le prolongement de la moelle épinière (a).

DOCS + **Le mécanisme de la noyade**

La noyade, due à la présence de liquide dans les poumons, est directement liée au contrôle de la ventilation pulmonaire par le système nerveux, plus précisément par le bulbe rachidien. Lorsque la concentration en dioxyde de carbone dans le sang augmente, les cellules nerveuses du bulbe rachidien sont stimulées et sont à l'origine d'une sensation d'étouffement, de manque d'air (dyspnée).

Si la concentration en dioxyde de carbone augmente encore, le bulbe rachidien donne l'ordre aux muscles thoraciques de se contracter, ce qui provoque une inspiration. C'est un mécanisme réflexe, donc incontrôlable. La personne qui se noie commence par bloquer la ventilation. La concentration en dioxygène sanguin diminue et celle en dioxyde de carbone augmente. Dans un premier temps, la dyspnée apparaît. C'est le signal de danger ! Si la ventilation ne peut être reprise, le manque de dioxygène provoque une perte de conscience (syncope). L'augmentation de la concentration en dioxyde de carbone provoque ensuite le réflexe d'inspiration et l'entrée d'eau dans les poumons. Les échanges respiratoires sont alors bloqués. En l'absence de secours, la mort survient en quelques minutes à peine.

Les plongeurs en apnée sont particulièrement exposés au risque de noyade. Les exercices pratiqués avant de plonger n'ont pas pour seul but d'emmagasiner beaucoup de dioxygène, mais aussi et surtout de diminuer le taux de dioxyde de carbone sanguin. De ce fait, ils retardent la dyspnée... et ne perçoivent pas les signes qui précèdent la syncope, puis la noyade. C'est pourquoi une telle activité ne peut jamais se pratiquer seul, mais toujours accompagné de gens compétents et expérimentés, même en piscine.

3 Le grand voyage du sang

Le **système circulatoire** ou cardio-vasculaire est un ensemble de conduits fermés, les **vaisseaux sanguins**, dans lesquels le **sang** circule toujours dans le même sens grâce à une pompe, le **cœur**. Des vaisseaux passent dans chaque organe, y distribuent les éléments nécessaires à chaque cellule, comme le dioxygène, et en emportent les déchets, comme le dioxyde de carbone.

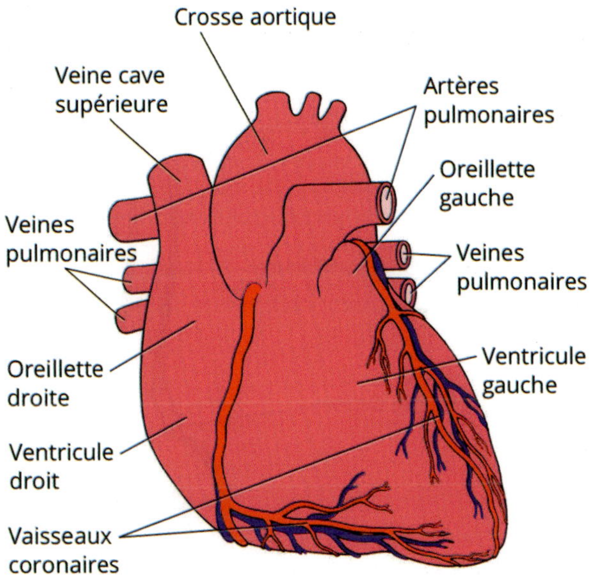

3.1 Le cœur

6 7

Le **cœur** est un muscle creux très puissant, le myocarde, situé dans la **cage thoracique** entre les deux poumons. Il pèse environ 300 g, a la forme d'un cône et la taille d'un poing fermé. Il repose sur le diaphragme, la pointe dirigée vers la gauche. Il est entouré d'une membrane résistante et souple, le péricarde.

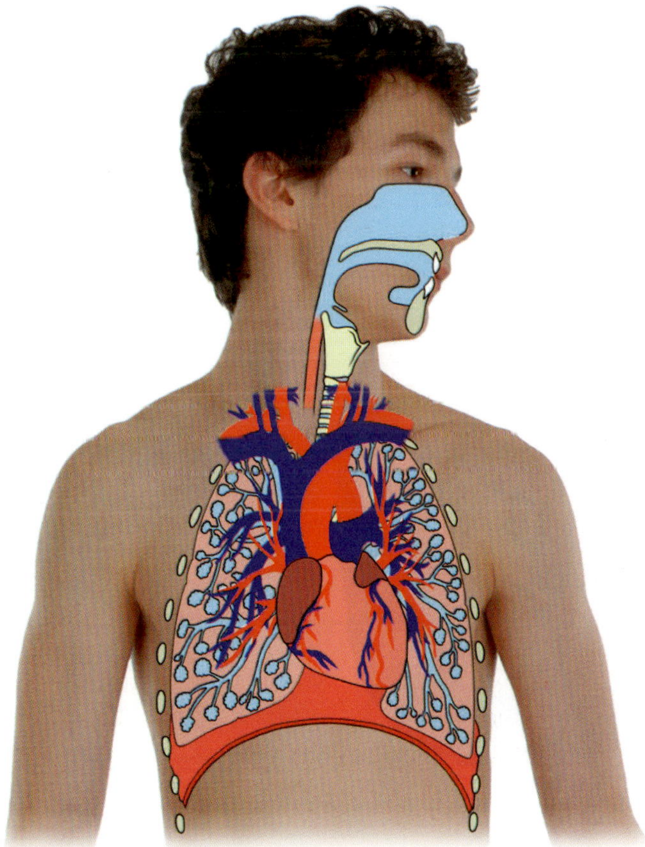

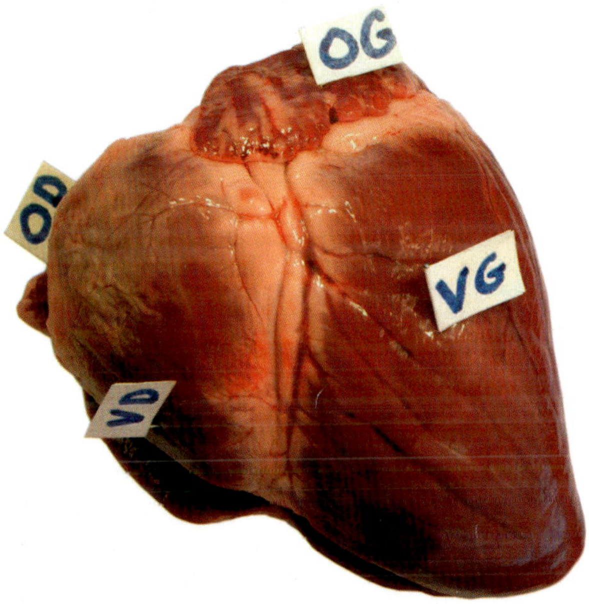

La taille et la forme du cœur de porc sont très proches de celles du cœur humain. Sur cette photo, les veines et artères pulmonaires ainsi que la crosse aortique et les veines caves ne sont pas visibles.
(OD : oreillette droite ; OG : oreillette gauche ; VD : ventricule droit ; VG : ventricule gauche)

3

Le cœur est constitué de deux parties, le cœur droit et le cœur gauche. Bien qu'étroitement accolées par l'intermédiaire d'une cloison, la partie gauche et la partie droite du cœur sont indépendantes l'une de l'autre.

Chacune de ces deux parties comprend deux cavités qui communiquent entre elles : une **oreillette** aux parois minces et un **ventricule** aux parois épaisses, surtout pour ce qui concerne le ventricule gauche.

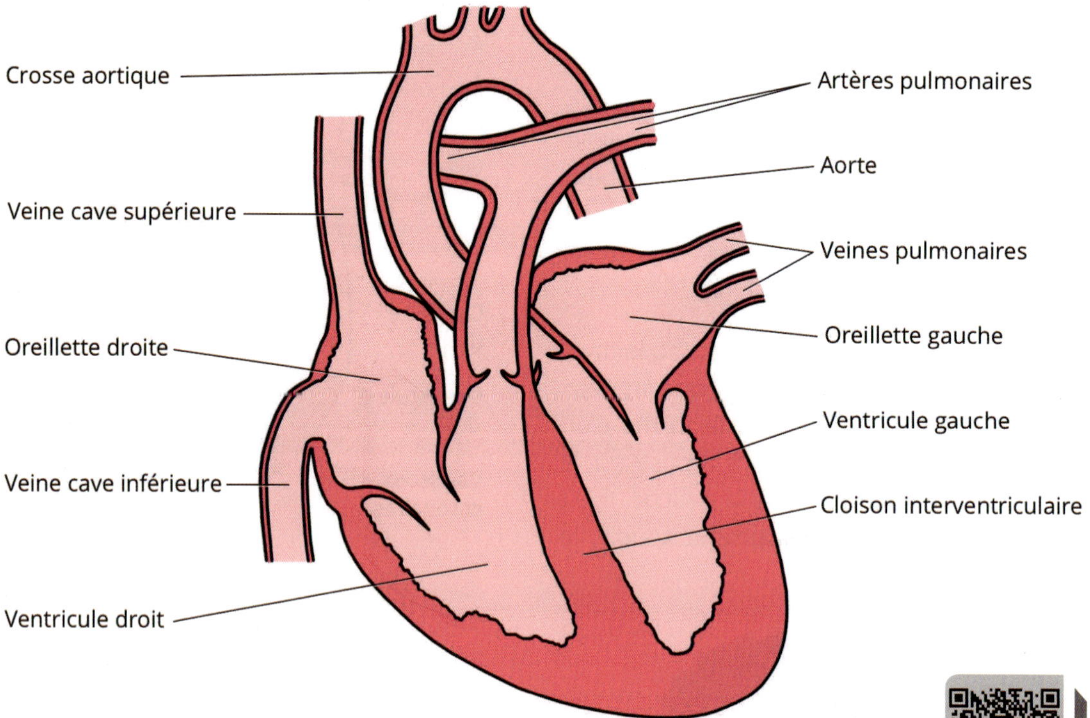

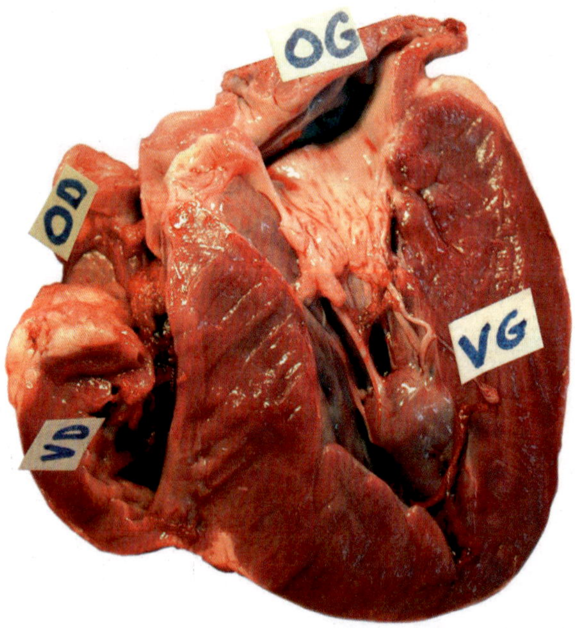

Coupe longitudinale du cœur de porc

3.2 Les vaisseaux sanguins

Les **vaisseaux sanguins** sont de trois types : les **artères**, les **capillaires** et les **veines**. Mis bout à bout, les vaisseaux d'un Homme adulte auraient une longueur de plus de 100 000 km.

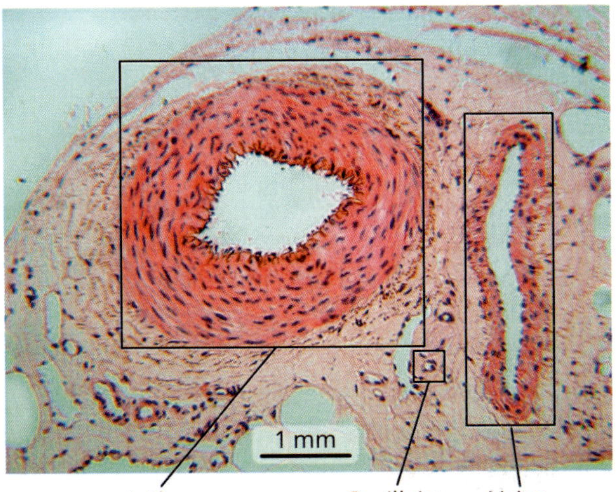

Coupe transversale dans différents vaisseaux sanguins

Les artères

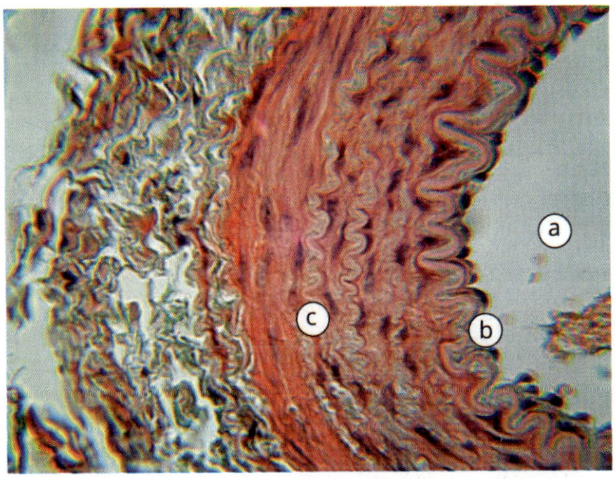

Les **artères** reçoivent le sang propulsé par les ventricules cardiaques. Elles sont pour la plupart profondément enfouies sous les différents tissus. Leur lumière (a) est tapissée de cellules aplaties, les cellules endothéliales (b) disposées en nombreuses couches. Les artères ont une paroi épaisse (c), résistante, musculeuse et riche en fibres élastiques, capable de supporter les brutales augmentations de pression résultant de la contraction du muscle cardiaque. Cette caractéristique est extrêmement développée dans le cas de l'**aorte**, artère soumise aux plus fortes variations de pression puisqu'elle est directement connectée au cœur.

À cause de la résistance de leur paroi, les artères restent ouvertes lorsqu'elles sont sectionnées. Dans les organes, elles se ramifient en **artérioles** et celles-ci en capillaires.

Les capillaires

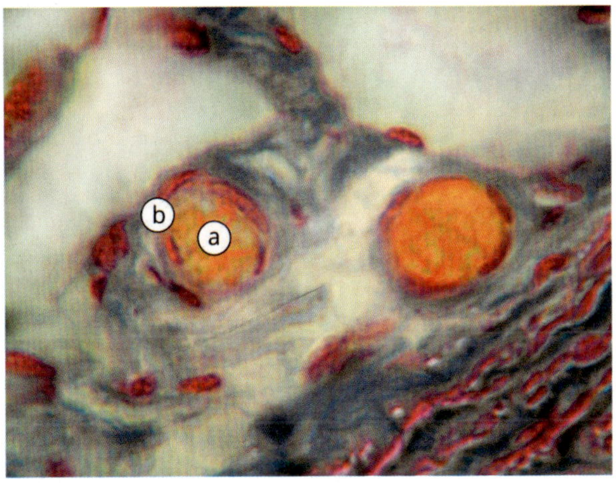

Les **capillaires** sont des vaisseaux très fins. Ils ont une paroi extrêmement mince puisqu'elle n'est constituée que d'une seule couche de cellules endothéliales (b). Les plus fins d'entre eux ont une lumière (a) de 5 µm de diamètre.
Les capillaires assurent la jonction entre les artérioles et les veinules, et permettent les échanges entre le sang et les cellules.

Les veines

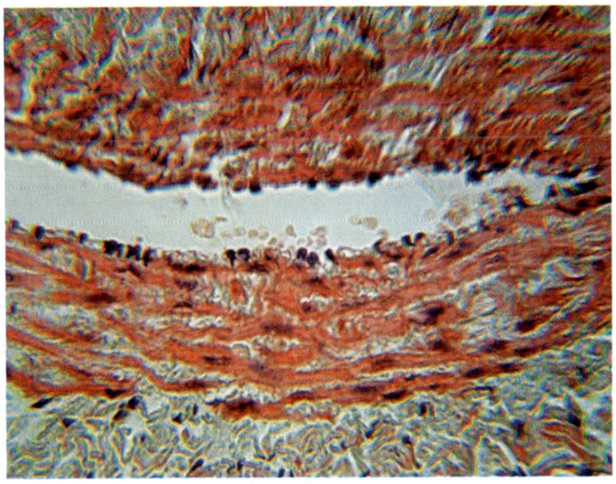

Les **veines** résultent de la confluence de **veinules** dont elles ramènent le sang aux oreillettes. Certaines d'entre elles sont superficielles et visibles à la surface du corps. Elles ont une paroi mince avec peu de muscles et très peu de fibres élastiques. Elles s'écrasent lorsqu'elles sont sectionnées. La pression qui y règne est bien inférieure à celle des artères ; dès lors, le sang y circule lentement, parfois si lentement qu'il tend à refluer.

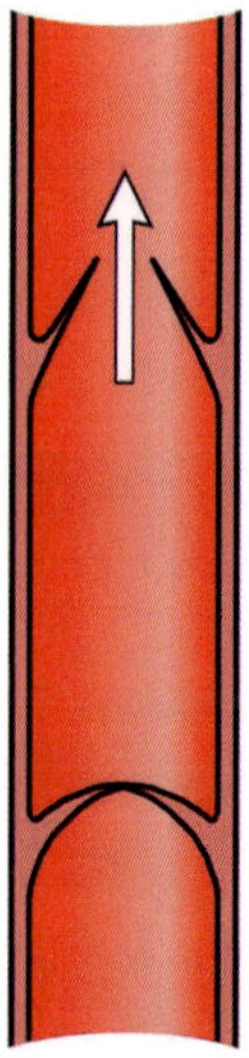
Valvulles des veines

Dans les veines des membres se trouvent des membranes, les **valvules**, qui empêchent le reflux : ce dispositif aide le retour du sang vers le cœur dans le sens opposé à la pesanteur.

3.3 La circulation du sang

10 11

Le cœur est une double pompe qui, grâce à la **contraction** des ventricules, envoie le sang vers les poumons et les organes. Ses contractions provoquent une diminution de volume des ventricules et une forte augmentation de la pression sanguine. Le sang est chassé dans les artères, dont la pression interne augmente à son tour.

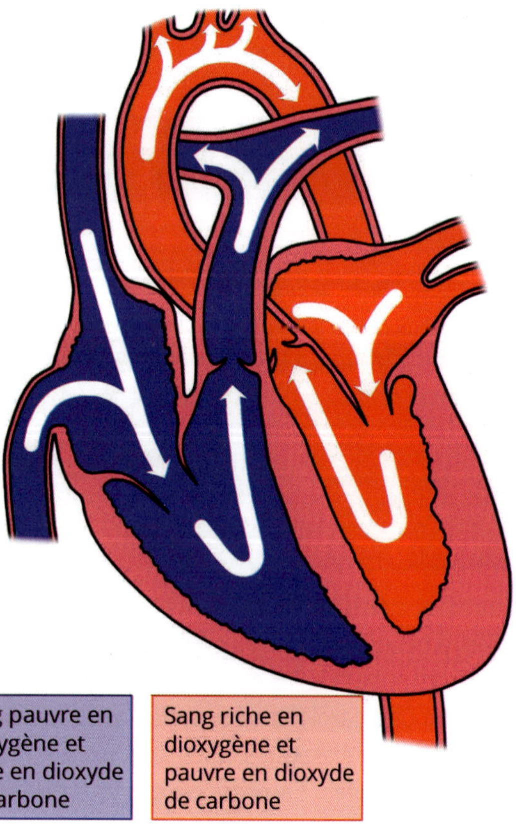

La circulation pulmonaire ou petite circulation
(encadrée en vert sur le dessin de la page suivante)
La contraction du **ventricule droit** propulse le sang dans les artères pulmonaires qui le véhiculent jusqu'aux poumons. Après avoir circulé dans les poumons, le sang les quitte par quatre **veines pulmonaires** et retourne au cœur via l'**oreillette gauche**.
Suite à la contraction des oreillettes mais surtout à l'aspiration due au relâchement des ventricules, le sang s'écoule de l'oreillette gauche dans le ventricule gauche.

La circulation systémique ou grande circulation
(encadrée en orange sur le dessin de la page suivante)
La contraction du **ventricule gauche** propulse le sang vers la crosse aortique ; celle-ci se ramifie en de nombreuses artères et artérioles et distribue le sang dans l'ensemble des organes et tissus de l'organisme. Le cœur lui-même est irrigué par de telles artères, les artères coronaires.
Arrivé dans les différents organes, le sang circule à l'intérieur des capillaires, est récolté dans les **veinules** puis les veines et retourne au cœur par la **veine cave supérieure** et la **veine cave inférieure** qui débouchent dans l'**oreillette droite**. Le sang regagne alors le ventricule droit.

DOCS + William Harvey (1578 - 1657), médecin et chirurgien à la cour d'Angleterre, a démontré que le sang circule en boucle dans un circuit fermé.

Avant lui, et ce depuis l'Antiquité grecque, on pensait que le sang allait et revenait par les mêmes vaisseaux.

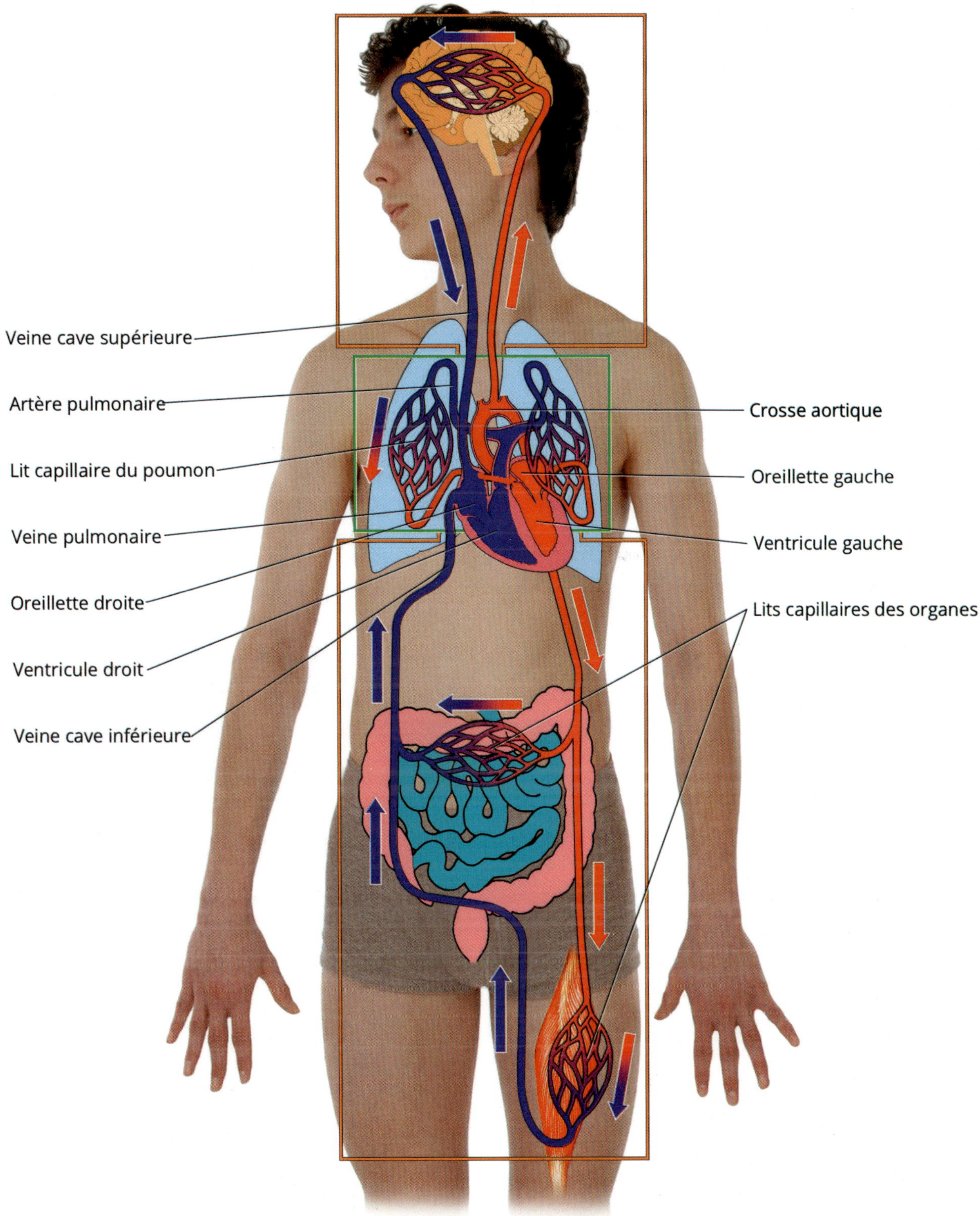

La circulation pulmonaire, encadrée en vert, et la circulation systémique, encadrée en orange

3 La révolution cardiaque

12

Même si le cœur est constitué de deux parties qui ne communiquent pas, les deux ventricules se contractent en même temps et contribuent donc ensemble au mouvement sanguin. Cependant, puisque le ventricule gauche doit envoyer le sang sur une distance beaucoup plus grande, il est plus puissant : sa paroi musculaire est plus épaisse. Les oreillettes n'envoient le sang que vers les ventricules tout proches ; leur paroi mince suffit à la tâche.

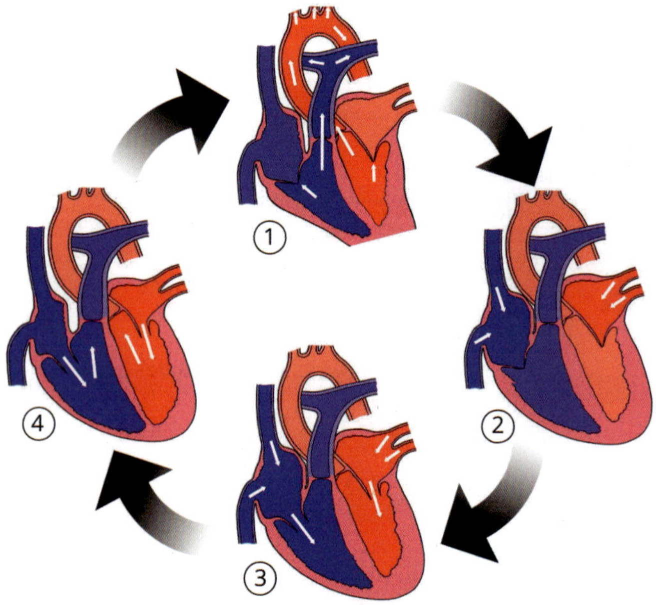

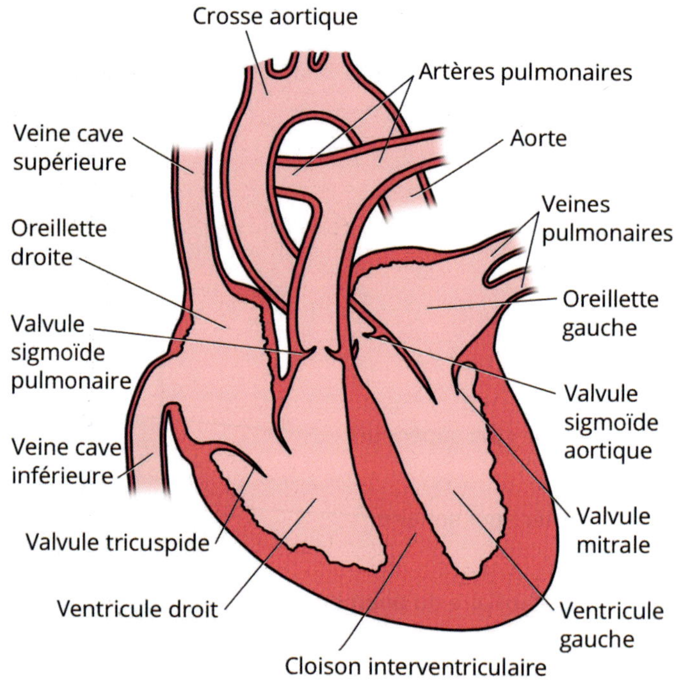

La contraction des parois des ventricules chasse le sang dans la crosse aortique et les artères pulmonaires ①. Le relâchement des parois crée une dépression. Toutes les valvules sont fermées ②. Le relâchement se poursuit ; le sang contenu dans les veines caves et pulmonaires est aspiré dans les oreillettes, puis dans les ventricules ③. La contraction des oreillettes achève le remplissage des ventricules ④.

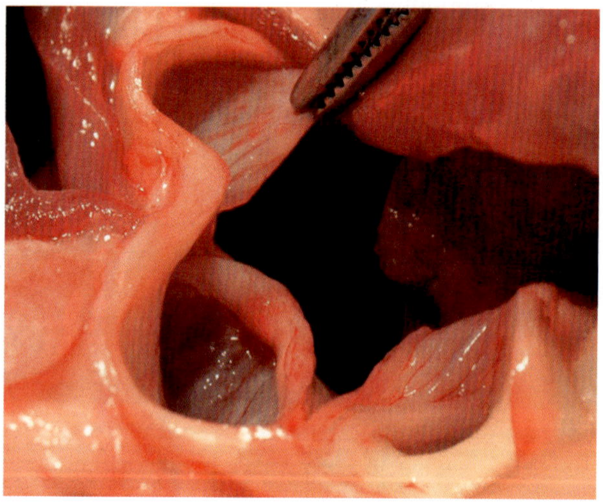

Cœur de porc : valvule sigmoïde aortique

Des **valvules** déterminent le sens de la circulation. Celles situées entre les oreillettes et les ventricules laissent passer librement le sang des oreillettes aux ventricules lors du relâchement de la paroi des ventricules. Elles se referment et empêchent le retour vers les oreillettes quand les ventricules se contractent.

Les valvules sigmoïdes se trouvant entre les ventricules et la base de la crosse aortique et du tronc pulmonaire laissent passer librement le sang vers les artères lors de la contraction des ventricules. Elles se referment et empêchent le retour vers les ventricules quand ceux-ci se relâchent.

DOCS + Le cœur se contracte environ 100 000 fois par jour ! À chaque contraction, 70 à 80 ml de sang sont propulsés. Donc plus de 7 000 L de sang passent chaque jour deux fois dans le cœur.

Les bruits rythmés « toc-tac, pause » produits par le cœur sont dus à la fermeture des valvules.

3.4 La régulation

Divers mécanismes régulent le fonctionnement du système cardio-vasculaire.

Le cœur est un muscle qui se contracte automatiquement même s'il est retiré du corps, par exemple lors d'une transplantation cardiaque. Il possède donc un centre d'activation autonome. Mais le rythme cardiaque peut être activé ou ralenti sur ordre du système nerveux, selon les besoins du moment. La pression sanguine est maintenue à une valeur adéquate grâce à des capteurs situés dans les parois de la crosse aortique qui informent le centre de contrôle du bulbe rachidien ; des hormones peuvent aussi activer les battements du cœur et le rétrécissement des vaisseaux. Contrairement au rythme de la ventilation, il n'est pas possible de contrôler volontairement sa tension ou son rythme cardiaque.

13 14

DOCS + La méthode la plus aisée pour calculer la fréquence cardiaque est de prendre le pouls.

La surpression des parois artérielles résultant de la contraction de la pompe cardiaque est en effet perceptible simplement en comprimant une artère superficielle. Le point de passage de l'artère radiale au niveau du poignet est habituellement utilisé pour la prise du pouls, mais le creux du bras ou d'autres endroits conviennent aussi.

Lorsqu'un médecin prend la tension, il mesure la pression artérielle maximale et la pression artérielle minimale, exprimées en cm de mercure, correspondant respectivement à la contraction (systole) et au relâchement ventriculaires (diastole).

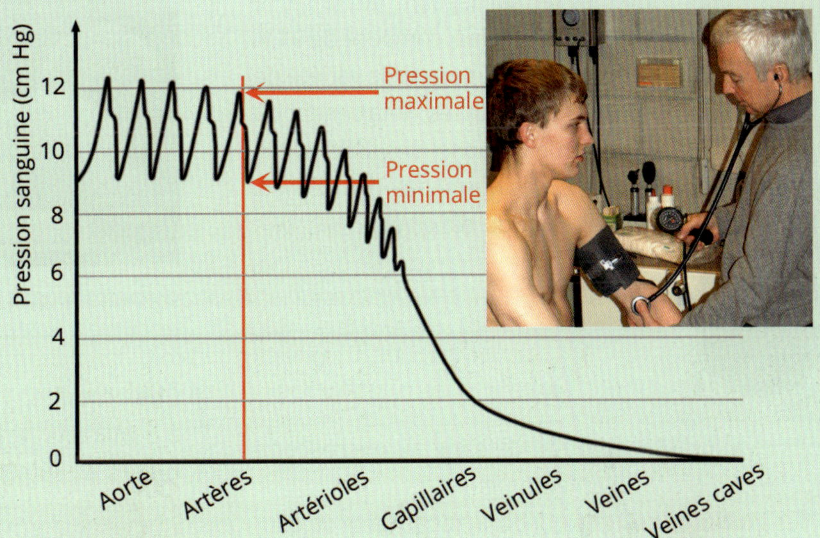

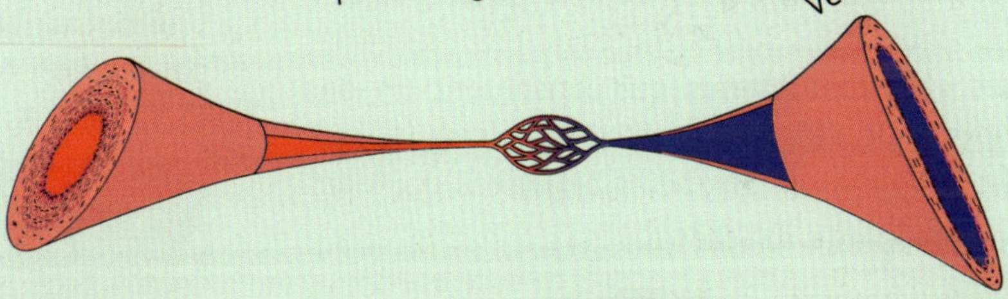

Le centre d'activation du cœur et le système nerveux envoient des ondes électriques qui déclenchent l'activité du muscle cardiaque. Il est possible d'enregistrer ces ondes ; on obtient alors un électrocardiogramme.

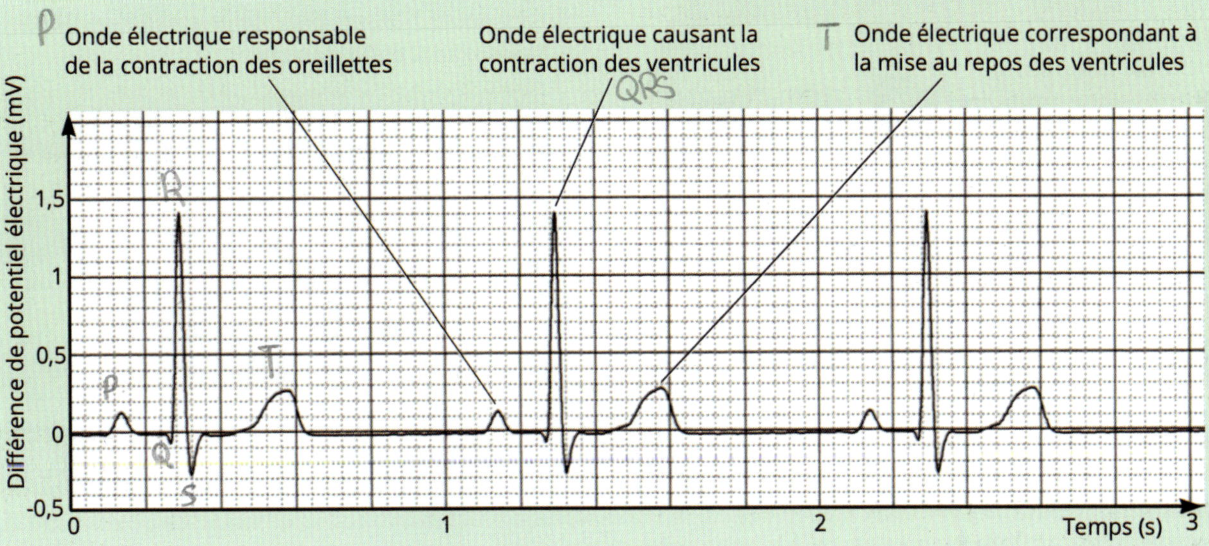

15

4 Le sang

Le **sang** est un tissu liquide opaque et visqueux. Notre corps en contient environ 5 litres, ce qui représente 8 % de la masse corporelle.

À l'air, le sang forme un caillot solide : il coagule.

Du sang additionné d'une substance anticoagulante se sépare en deux phases, un culot contenant les cellules et un surnageant jaunâtre, le plasma. Le **plasma**, composé de 91 % d'eau, contient une grande variété de substances dissoutes, notamment du dioxyde de carbone, des substances nutritives, des hormones, des déchets cellulaires et du dioxygène.

L'observation d'une goutte de sang au microscope montre différents éléments figurés :

- des **globules rouges** qui donnent au sang sa couleur (leurs rôles seront traités au point suivant) ;
- des **globules blancs** qui constituent un des moyens de défense de notre organisme ;
- des **plaquettes**, fragments cellulaires qui interviennent dans la coagulation.

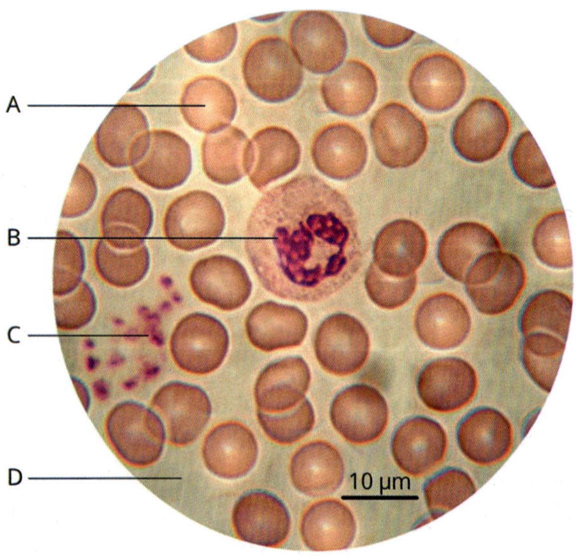

Sang humain en microscopie optique, coloration de Giemsa
On y distingue des globules rouges (A), un globule blanc (B) et des plaquettes (C) baignant dans le plasma (D).
Grossissement : 1 000 ×

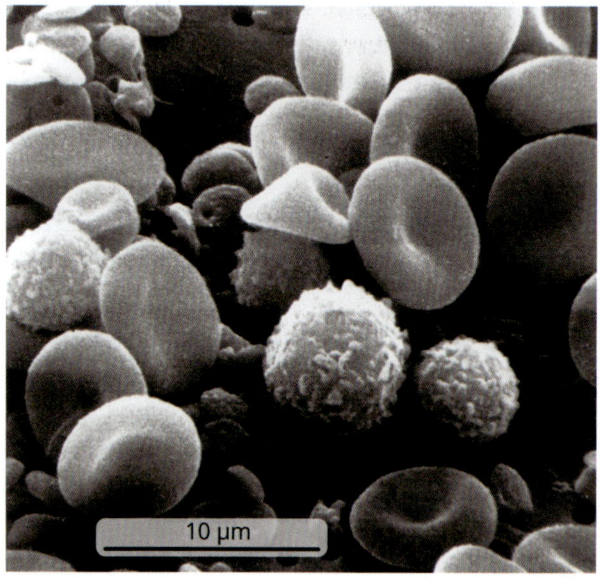

NCI – Photographes : Bruce Wetzel, Harry Schaefer

Globules rouges et blancs observés au microscope électronique à balayage

Chez l'adulte, 1 mm³ de sang contient environ 4,5 à 5 millions de globules rouges, 5 à 8 000 globules blancs et 350 000 plaquettes.

L'**hématocrite** est le rapport entre le volume occupé par les globules rouges et le volume sanguin total. Ce rapport est d'environ 45 % chez l'adulte.

DOCS + La centrifugation est une technique qui permet de séparer les différentes parties du sang. Les globules rouges, plus lourds, se déposent au fond de l'éprouvette alors que le plasma jaunâtre surnage ; à l'interface de ces deux zones volumineuses, on trouve une très petite fraction blanchâtre composée de globules blancs et de plaquettes.

4.1 Les globules rouges

Les **globules rouges** ou **érythrocytes** ou **hématies** sont de petites cellules ayant la forme d'un disque aminci au centre : leur diamètre est d'environ 7 à 8 µm et leur épaisseur d'1 µm au centre et de 2,5 µm sur les bords. Au microscope, ils ressemblent à de petites bouées.

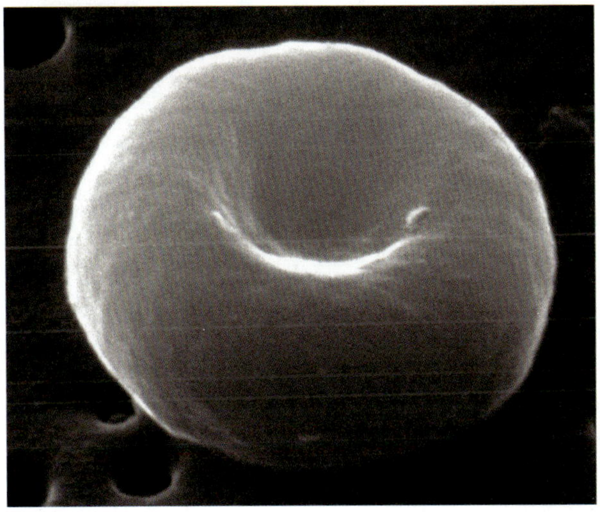

Laboratoire Cellules et Tissus, Narilis, UNamur

Globule rouge observé au microscope électronique à balayage (G. : 49 000 ×)

Les érythrocytes sont des cellules très particulières : dépourvus de noyau, ils sont incapables de se diviser et même de survivre longtemps. Après 3 à 4 mois de vie, ils sont détruits par le **foie** et la **rate**.

Les globules rouges sont de véritables sacs à **hémoglobine**. Ils contiennent chacun 250 à 300 millions de molécules d'hémoglobine grâce auxquelles ils transportent vers toutes les cellules du corps la quasi-totalité du dioxygène véhiculé par le sang, le reste étant dissous dans le plasma. Chaque molécule d'hémoglobine peut fixer 4 molécules de dioxygène.

La forme particulière des globules rouges leur donne une surface étendue par rapport à leur volume, ce qui les rend particulièrement adaptés aux échanges.

Notre corps produit chaque seconde environ 2 millions d'hématies qui remplacent celles qui meurent. Leur production se fait à partir de cellules-souches au niveau de la **moelle rouge** hématopoïétique de certains os : le sternum, les côtes, les os du crâne et du bassin et les extrémités du fémur et de l'humérus.

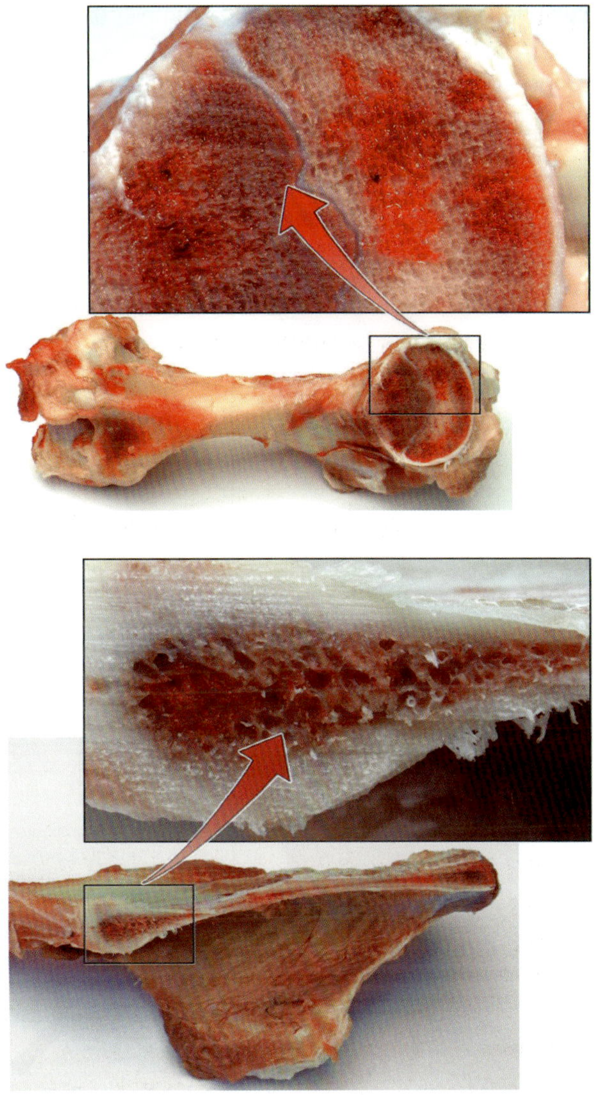

Os de porc avec moelle rouge

4.2 Les groupes sanguins

Le **groupe sanguin** d'une personne est déterminé par des molécules, les **agglutinogènes**, présentes à la surface des globules rouges. La caractéristique sanguine la plus connue concerne les groupes A, B, AB et O. Les personnes ne présentant que des agglutinogènes A sur leurs globules rouges sont du groupe sanguin A ; celles qui ne présentent que les agglutinogènes B sur leurs globules rouges sont du groupe sanguin B ; les personnes de groupe sanguin AB ont des globules rouges portant des agglutinogènes A et des agglutinogènes B ; si les globules rouges ne portent aucun de ces deux agglutinogènes, les personnes sont de groupe sanguin O (de l'allemand *ohne* : sans).

3 Selon leur groupe sanguin, les personnes possèdent aussi, dans leur plasma sanguin, des molécules, les **agglutinines**, capables de lutter contre des agglutinogènes étrangers.

Groupe sanguin	Agglutinogènes présents sur les globules rouges	Agglutinines présentes dans le plasma
A	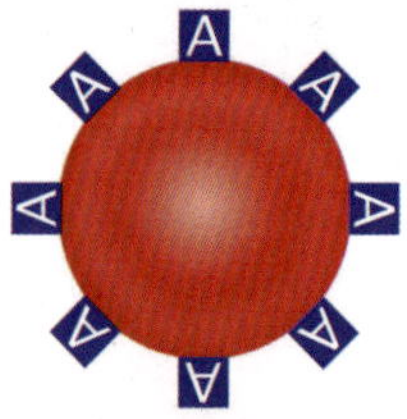	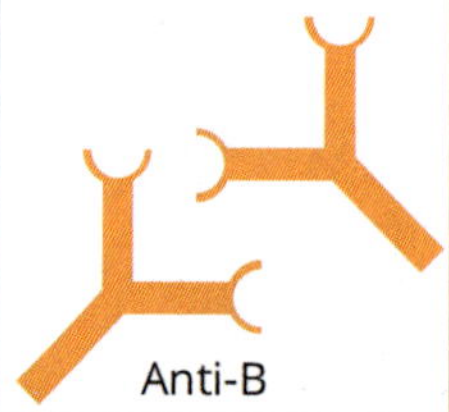
B	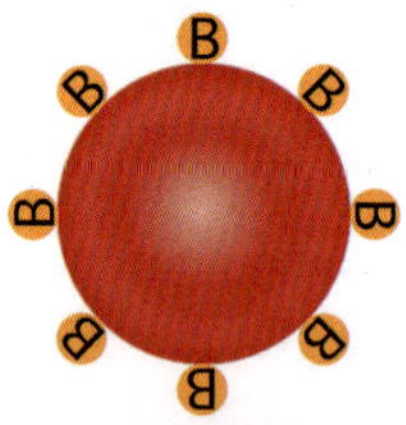	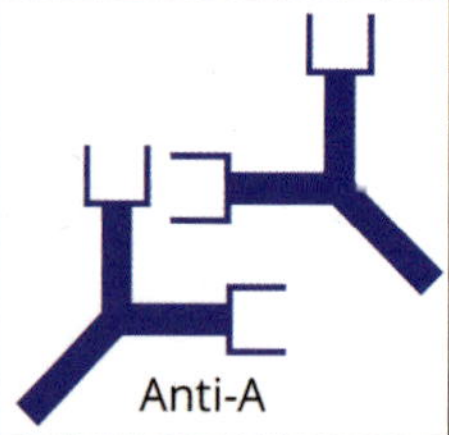
AB	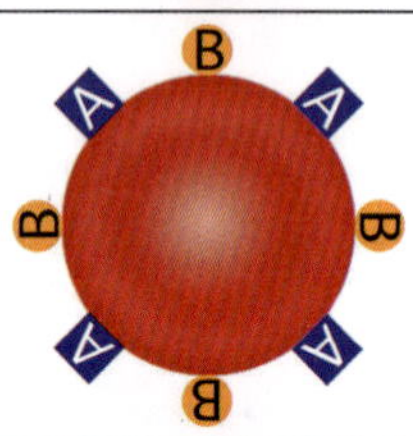	Pas agglutinine
O		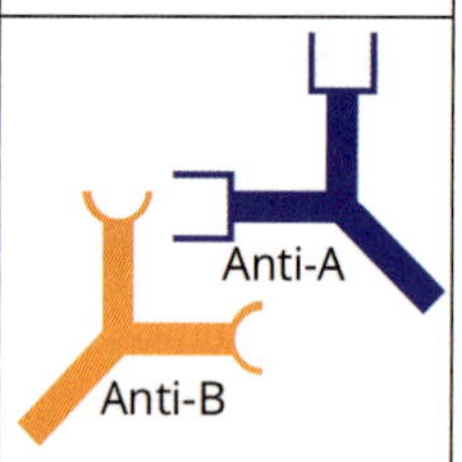

Dans la population luxembourgeoise, les groupes A (44 %) et O (42 %) sont les plus fréquents. Par contre, les groupes B (10 %) et AB (4 %) sont considérés comme rares.

Toutes les **transfusions** de globules rouges ne sont pas permises. On ne peut pas transfuser des globules rouges portant les agglutinogènes correspondant aux agglutinines spécifiques du receveur sans risque d'**agglutination**.

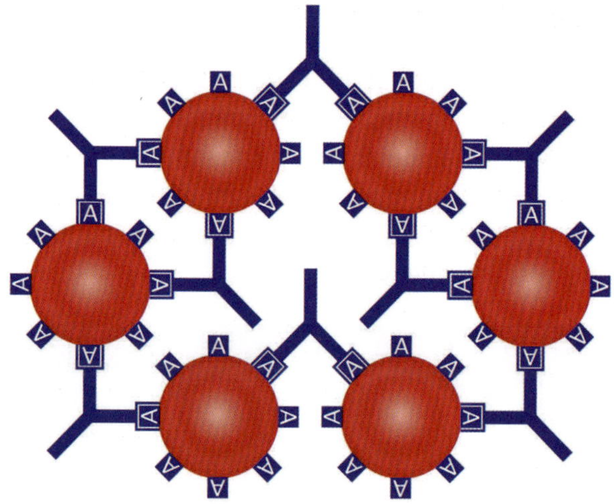

Modèle d'une agglutination de globules rouges portant des agglutinogènes A par des agglutinines anti-A

L'agglutination consécutive à la transfusion de globules rouges incompatibles entraîne l'éclatement de ces globules rouges (hémolyse). L'hémoglobine libérée est convertie en bilirubine, molécule toxique pouvant causer des lésions tissulaires graves, en particulier rénales, dont les conséquences peuvent être mortelles. Les possibilités de transfusion de globules rouges sont dès lors limitées selon le schéma suivant :

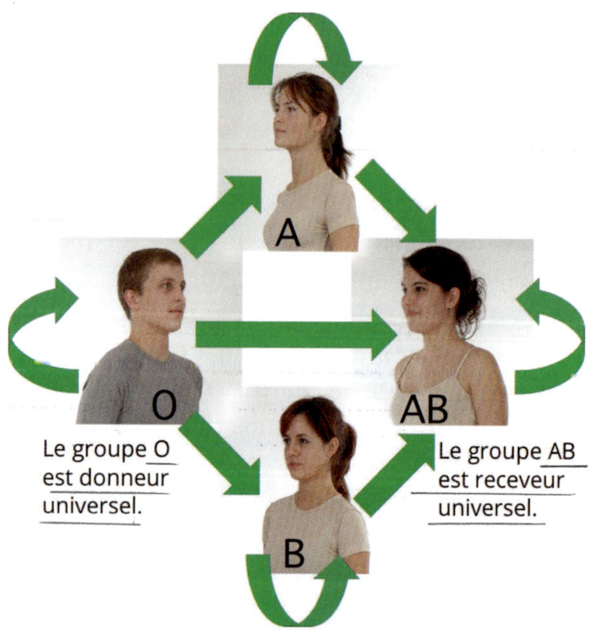

4.3 Les globules blancs

L'observation d'une goutte de sang au microscope optique montre différents types de **globules blancs** aussi appelés **leucocytes** : monocytes, granulocytes et lymphocytes.
Leur production se fait, comme pour les globules rouges, à partir de cellules-souches dans la moelle rouge hématopoïétique des os.

DOCS + 1 mm³ de sang humain renferme environ 7 000 leucocytes (soit 1 leucocyte pour 700 globules rouges ou 7 milliards de leucocytes par litre de sang).

Ce chiffre peut être considérablement augmenté en cas de maladie (surinfection, allergie, leucémie…).

Leur vitesse de renouvellement, très variable d'un type à l'autre, est toujours élevée : la moelle rouge produit environ un million de granulocytes par seconde et un milliard de lymphocytes par jour.

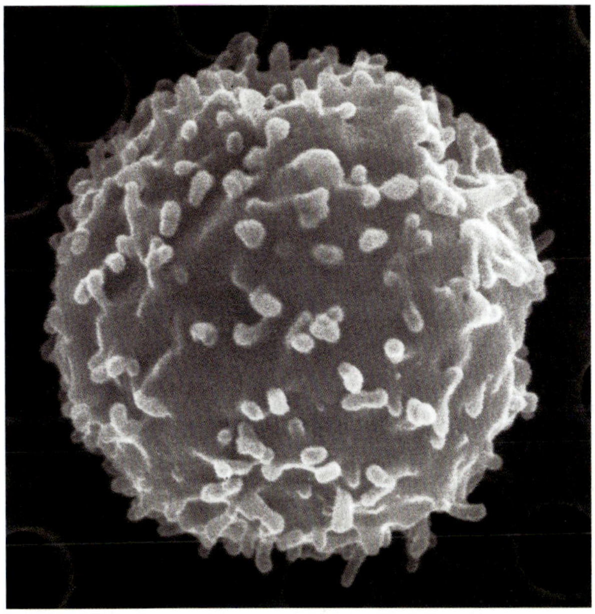

Laboratoire Cellules et Tissus, Narilis, UNamur

Globule blanc observé au microscope électronique à balayage (G. : 42 000 ×)

	Monocytes	Granulocytes	Lymphocytes
Photos de frottis sanguins observés au microscope optique	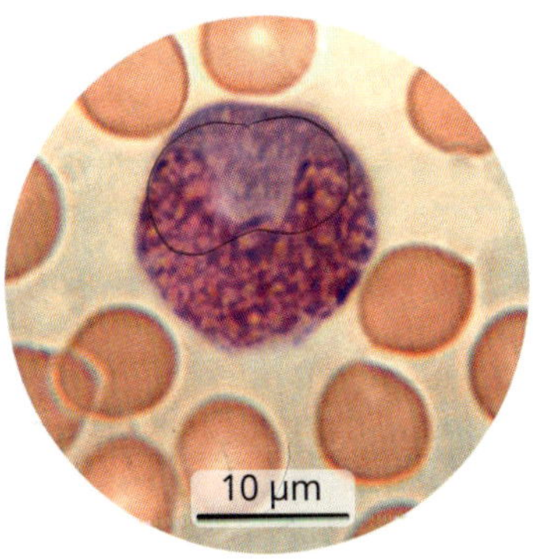	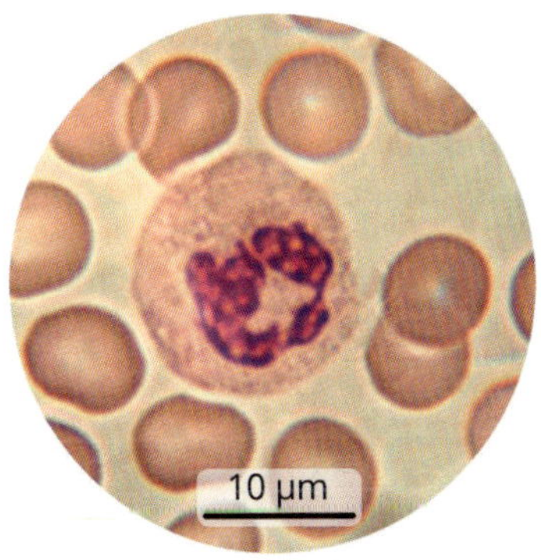	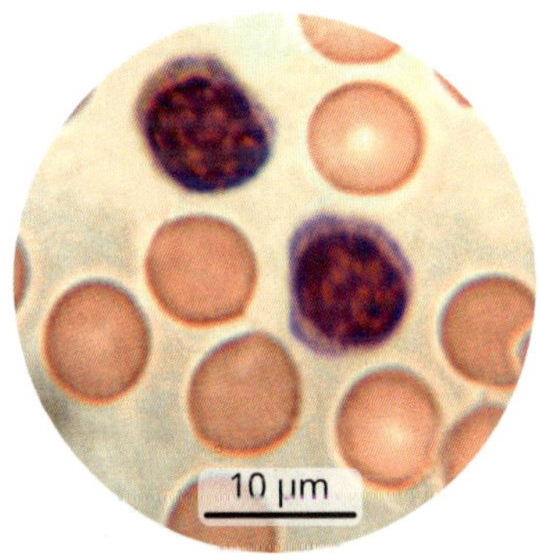
Description	Cellules au cytoplasme abondant avec un noyau en forme de haricot. Les monocytes sont appelés macrophages lorsqu'ils quittent les vaisseaux sanguins.	Cellules au cytoplasme granuleux, avec un noyau lobé, donnant l'apparence de plusieurs noyaux, d'où leur appellation ancienne de polynucléaires.	Cellules au volumineux noyau arrondi. Il en existe de deux types, B et T, difficiles à distinguer au microscope optique.
Nombre par mm³ de sang	300 à 600	4 500 à 5 500	600 à 800 lymphocytes B 1 200 à 1 500 lymphocytes T

3

5 Le liquide interstitiel et le système lymphatique

5.1 Le liquide interstitiel

Toutes les cellules qui composent l'organisme ne sont pas en contact direct avec les capillaires mais baignent dans le **liquide interstitiel** où elles trouvent les éléments dont elles ont besoin pour vivre et où elles rejettent les déchets de leur métabolisme. Le liquide interstitiel est composé à 90 % d'eau et a pour origine le plasma sanguin qui passe à travers la paroi des capillaires.

Ce liquide est récupéré par un système de vaisseaux spécialisés : les capillaires lymphatiques.
Une fois à l'intérieur de ces vaisseaux, le liquide interstitiel prend le nom de **lymphe**.
Cette circulation sang – liquide interstitiel – lymphe permet de renouveler en permanence le liquide dans lequel baignent les cellules.

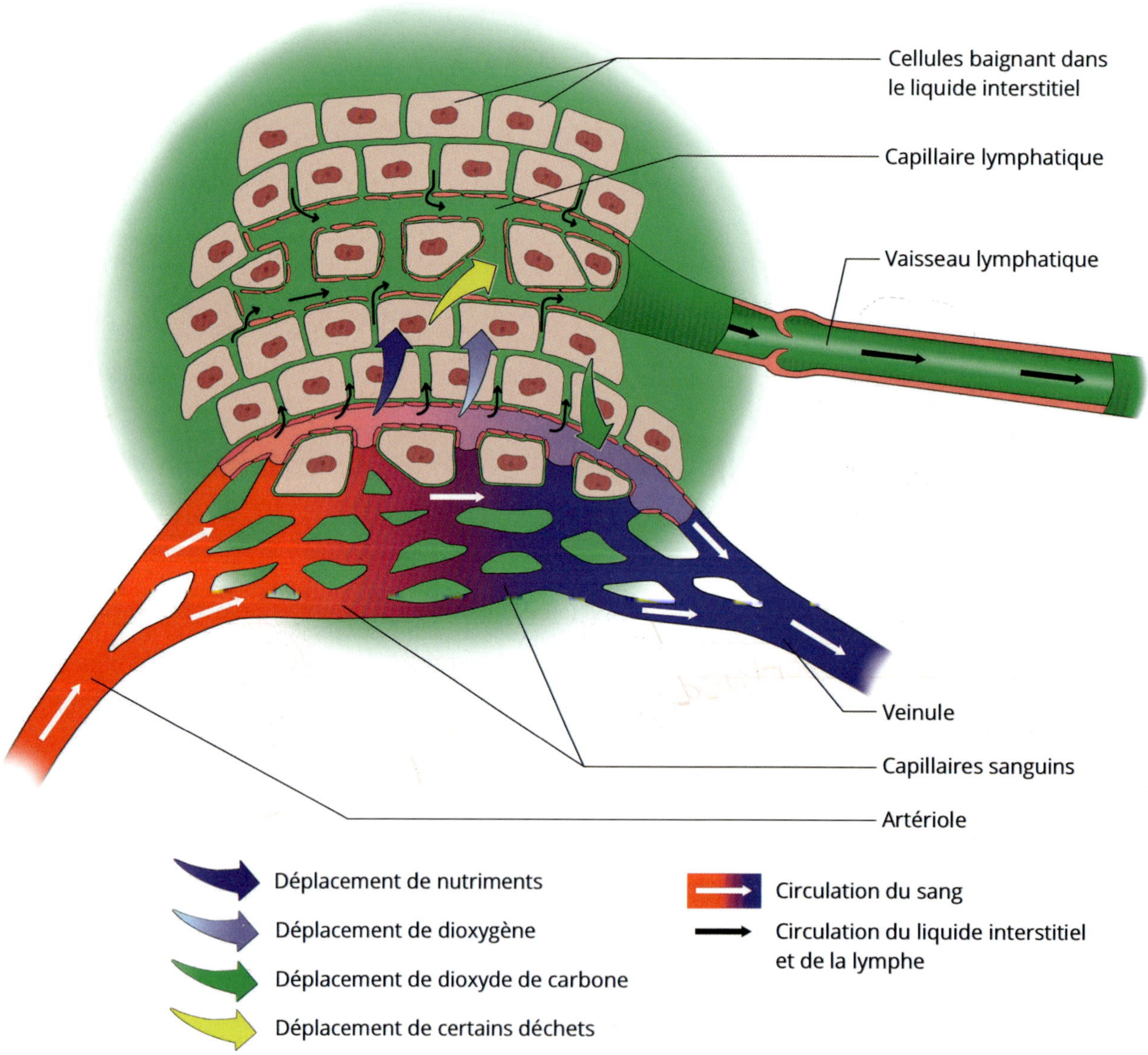

5.2 Le système lymphatique

Les capillaires lymphatiques se rassemblent et forment des vaisseaux lymphatiques dont le trajet est parallèle à celui des veines sanguines. L'ensemble forme un réseau vasculaire appelé **système lymphatique**.

Tous ces vaisseaux confluent en deux gros vaisseaux, la veine lymphatique drainant la partie supérieure droite du corps, et le canal thoracique drainant le reste du corps. Ces deux vaisseaux se jettent dans la circulation sanguine au niveau des veines sous-clavières, affluentes de la veine cave supérieure.

Dans le système lymphatique, on trouve des organes lymphoïdes primaires et secondaires. Les premiers, la moelle rouge des os et le thymus, constituent les lieux de production et/ou de maturation des globules blancs ; les seconds, la rate, les ganglions lymphatiques, les amygdales du pharynx, les végétations des fosses nasales, la paroi de l'appendice, les follicules lymphoïdes sur l'intestin grêle... sont les lieux de stockage et d'activation de ces globules blancs.

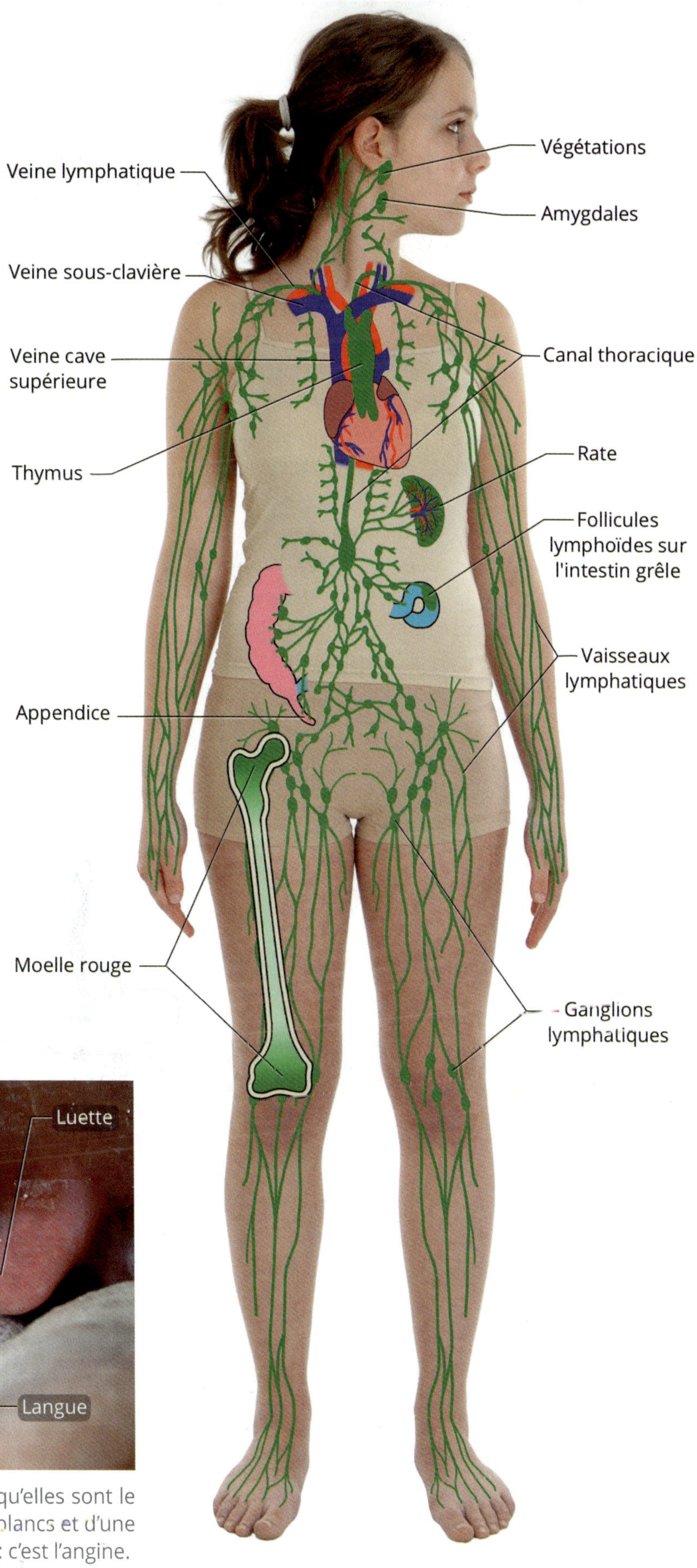

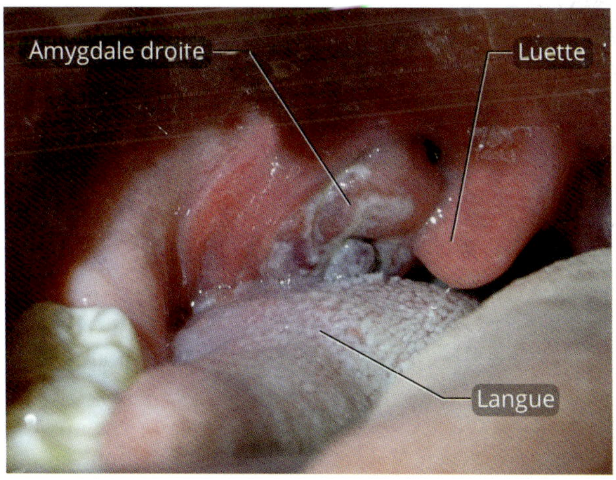

Les amygdales du pharynx enflent lorsqu'elles sont le siège d'une multiplication des globules blancs et d'une lutte qu'ils mènent contre les microbes : c'est l'angine.

3

6 Le transport et les échanges des gaz respiratoires

6.1 Diffusion et échanges gazeux

La **diffusion** est la dispersion, causée par l'agitation moléculaire, d'une substance dans un gaz ou dans un liquide : les molécules de cette substance tendent à se répartir uniformément dans tout l'espace disponible. Ce phénomène a lieu quand il existe une différence de concentration d'une substance entre deux zones : le déplacement des molécules s'effectue de façon plus importante de la zone à forte concentration vers la zone à concentration plus faible. Il se produit même si les deux zones sont séparées par une **membrane perméable**. Dans les poumons, les parois des alvéoles jouent ce rôle de membrane perméable aux gaz respiratoires. À l'échelle microscopique, les membranes cellulaires sont perméables à ces substances, dans les poumons comme dans tous les autres organes.

6.2 Les échanges au niveau pulmonaire

16

17

Air	O_2	CO_2	N_2
inspiré	21 %	0,03 %	79 %
expiré	16,5 %	4,5 %	79 %

La comparaison de la composition de l'**air inspiré** et de l'**air expiré** montre que des échanges gazeux s'effectuent au niveau des **alvéoles pulmonaires**. L'air expiré est plus riche en vapeur d'eau et en dioxyde de carbone et plus pauvre en dioxygène que l'air inspiré.

Le dioxygène, diffusant du milieu dans lequel il est plus concentré vers le milieu dans lequel il est en faible concentration, passe de l'air alvéolaire vers le sang des capillaires. Le **sang**, enrichi en dioxygène, quitte les poumons, passe par le cœur et est ensuite distribué vers toutes les cellules de notre organisme.

Le dioxyde de carbone, diffusant du milieu dans lequel il est fort concentré vers le milieu dans lequel il est en faible concentration, quitte le sang des capillaires, passe dans l'air alvéolaire et est rejeté lors de l'expiration.

Les échanges au niveau des poumons ne sont possibles que parce que le système respiratoire et le système circulatoire y sont intimement imbriqués. Dans chaque poumon, la bronche contenant l'air et l'artère pulmonaire contenant le sang se ramifient en un réseau d'alvéoles entourées d'un réseau de capillaires. C'est à ce niveau que s'effectuent les échanges entre l'air alvéolaire et le sang des capillaires. La paroi des vaisseaux capillaires est très fine et laisse diffuser les gaz. Par ailleurs, les échanges sont facilités par le ralentissement du sang dans ces nombreux vaisseaux de faible diamètre, plus faible même que celui des globules rouges, qui doivent se replier sur eux-mêmes pour passer.

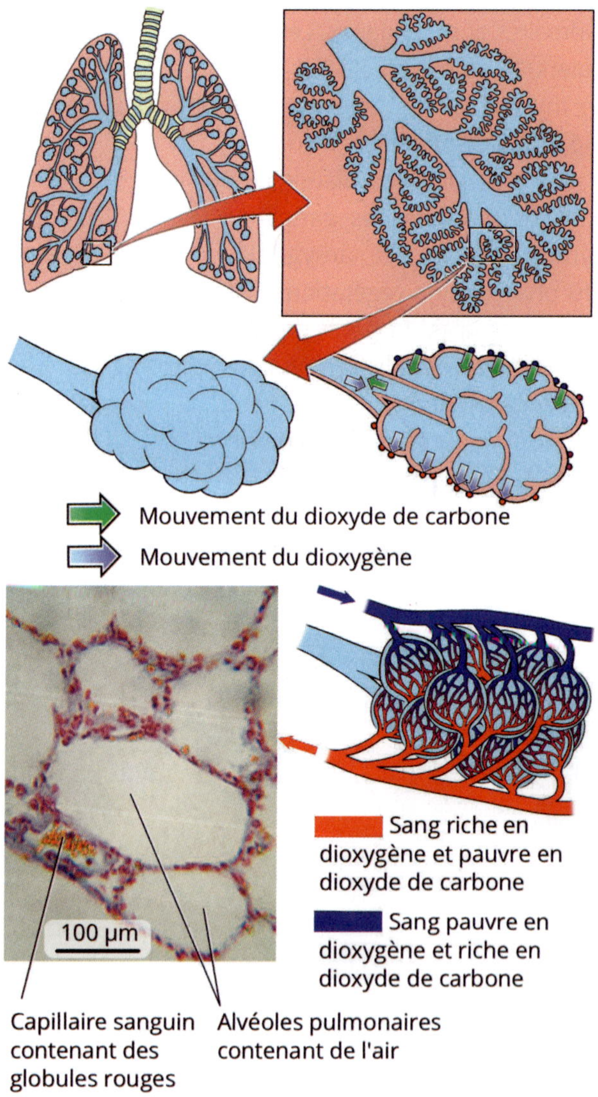

6.3 Les échanges au niveau cellulaire

Les **capillaires** forment un réseau extrêmement ramifié ; toutes les cellules se trouvent ainsi à faible distance d'un capillaire avec lequel elles peuvent aisément réaliser les échanges par l'intermédiaire du liquide interstitiel.

Comme les cellules consomment sans cesse du dioxygène, il y est toujours en plus faible concentration que dans les capillaires sanguins. Il diffuse constamment du **plasma** sanguin vers les cellules. Le plasma reconstitue sa réserve en dioxygène à partir des globules rouges.

Le dioxyde de carbone, produit en permanence dans les cellules, quitte leur cytoplasme en traversant la membrane et passe dans le sang des capillaires. Le sang, appauvri en dioxygène et enrichi en dioxyde de carbone, retourne aux poumons via le cœur.

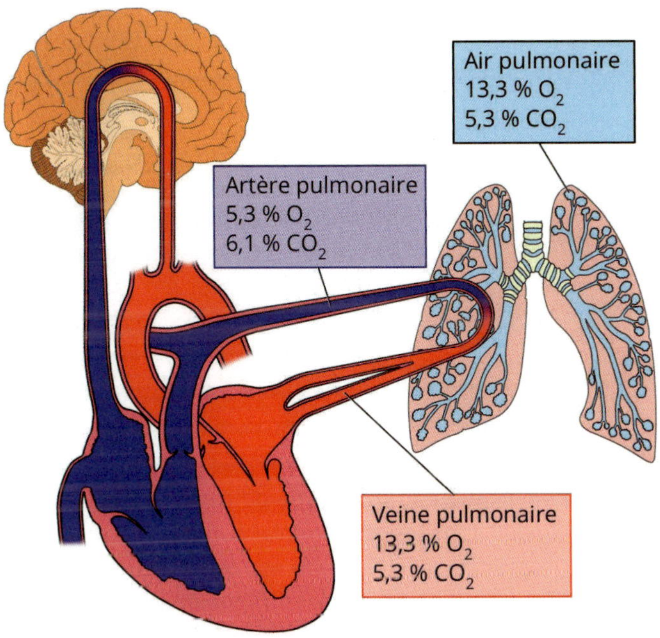

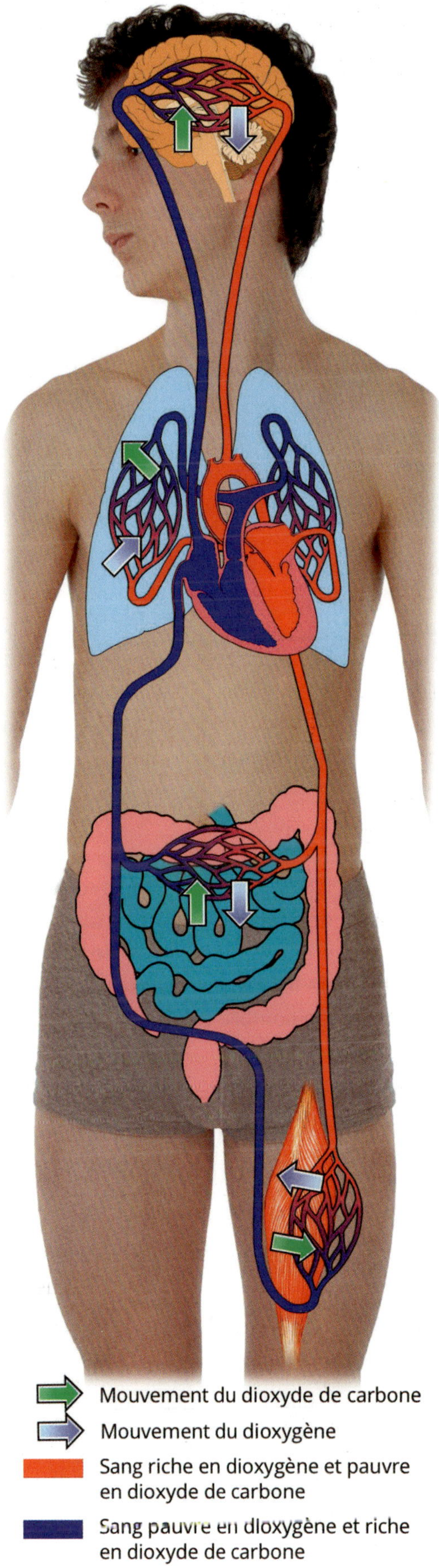

3

6.4 Les globules rouges et le transport des gaz respiratoires

6.4.1 Le transport du dioxygène (O_2)

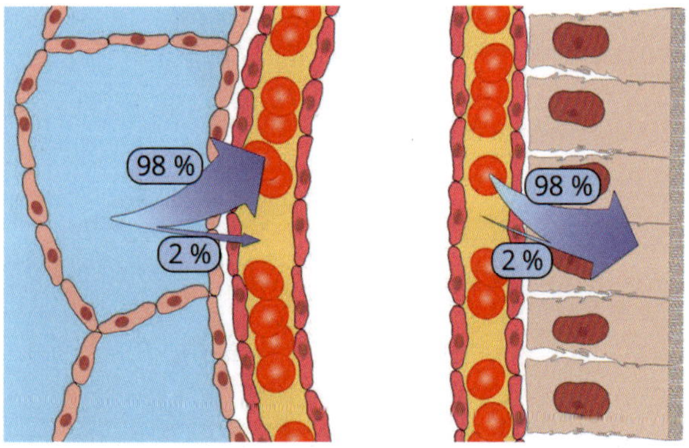

Dans les alvéoles pulmonaires (à gauche), l'**inspiration** apporte des molécules de dioxygène qui pénètrent dans le **sang**. Une petite partie (2 %) est transportée par le plasma, mais la grande majorité d'entre elles (98 %) se fixe immédiatement sur les molécules d'**hémoglobine** des globules rouges pour former des molécules d'**oxyhémoglobine** :

hémoglobine + dioxygène ⟶ oxyhémoglobine

L'oxyhémoglobine donne au sang sa couleur rouge vif. Au niveau des cellules, les molécules d'oxyhémoglobine libèrent les molécules de dioxygène qui diffusent vers les cellules. Le sang prend alors une couleur rouge sombre :

oxyhémoglobine ⟶ hémoglobine + dioxygène

6.4.2 Le transport du dioxyde de carbone (CO_2)

Quittant les cellules, des molécules de dioxyde de carbone pénètrent dans le **sang**. Le dioxyde de carbone est transporté en grande partie (75 %) sous forme dissoute dans le **plasma** et en plus petite partie (25 %) par les globules rouges. Dans ces derniers, la plus grande part du dioxyde de carbone est dissoute.

Seulement 5 % du dioxyde de carbone est transporté par l'hémoglobine :

hémoglobine + dioxyde de carbone ⟶ **carbhémoglobine**

Au niveau des poumons, le plasma et les molécules de carbhémoglobine libèrent le dioxyde de carbone :

carbhémoglobine ⟶ hémoglobine + dioxyde de carbone

Le dioxyde de carbone quitte le sang et passe dans les alvéoles, d'où il sera expulsé vers l'extérieur lors de l'**expiration**.

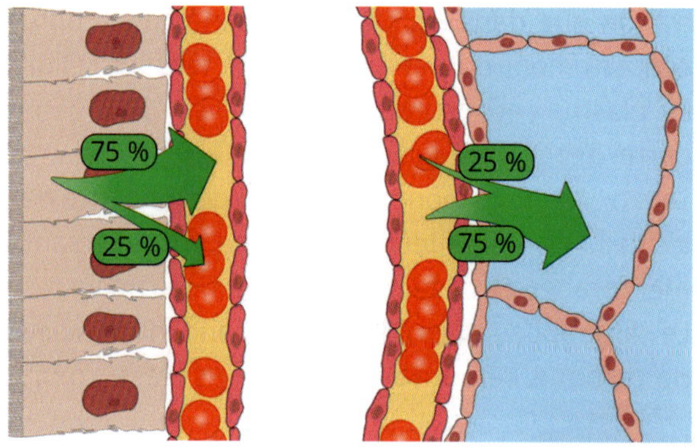

DOCS + L'hémoglobine est une protéine contenant du fer. C'est pourquoi une nourriture pauvre en fer peut être à l'origine d'une forme d'anémie, c'est-à-dire une réduction de la capacité du sang à transporter le dioxygène. Nous avons besoin de trouver de 2 à 3 mg de fer dans notre alimentation quotidienne, et les femmes, 1 mg de plus, à cause des pertes menstruelles.

L'intoxication au monoxyde de carbone (CO) cause chaque année la mort de plusieurs personnes dont l'installation de chauffage est défectueuse ou lors d'incendies. Les chauffages d'appoint à pétrole lampant sont particulièrement dangereux, car les gaz de combustion, dont parfois le CO, sont dispersés dans la pièce et non évacués par une cheminée. C'est une intoxication insidieuse, car le CO est un gaz incolore et inodore. Des expériences ont montré que le monoxyde de carbone, quelle que soit son abondance dans l'air inspiré, est absent de l'air expiré. Ce gaz se lie très fortement à l'hémoglobine et empêche le dioxygène de s'y fixer.

Les seuls symptômes sont la désorientation et des maux de tête importants. Les personnes intoxiquées doivent être approvisionnées en dioxygène pur, seul moyen pour déloger le monoxyde de carbone.

Le monoxyde de carbone est également présent dans les fumées d'échappement des voitures, la fumée de cigarette...

7 De l'air, mais pour quoi faire ?

Dans ce chapitre consacré au système circulatoire et au système respiratoire, nous n'avons pas utilisé une seule fois le verbe « respirer ». En effet, comme nous l'avons vu au chapitre 2, **respirer**, c'est transformer l'énergie chimique contenue dans les nutriments, en particulier le **glucose**, en une autre forme d'énergie utilisable par les cellules. Ces transformations nécessitent du dioxygène et s'accompagnent d'une production de déchets : du dioxyde de carbone et de l'eau. Le système circulatoire assure le transport du dioxygène et des nutriments venant du système digestif vers les cellules et celui des déchets tels le dioxyde de carbone et l'eau vers les systèmes d'excrétion, notamment via le système respiratoire. Celui-ci constitue donc une porte d'entrée pour le dioxygène et de sortie pour le dioxyde de carbone et la vapeur d'eau. Si la respiration est un phénomène cellulaire identique pour tous les êtres vivants, le système respiratoire présente différentes modalités : pulmonaire comme chez l'Homme, branchiale comme chez la truite, cutanée comme chez les vers de terre…

DOCS + Châtions notre langage : **respirer n'est pas ventiler !**

Dans le langage courant, si tu dis « respire ! », tu invites la personne à qui tu t'adresses à actionner le diaphragme et les muscles de la cage thoracique pour permettre à l'air, riche en dioxygène, de pénétrer dans les poumons. Ensuite, cette même personne relâchera ces mêmes muscles, expulsant l'air chargé de dioxyde de carbone. En fait, tu l'invites à ventiler ses poumons.

En biologie, le terme respiration désigne une tout autre fonction, chimique celle-là, effectuée à l'intérieur des cellules. Le point commun ? C'est l'importation de dioxygène et l'exportation de dioxyde de carbone et de vapeur d'eau…

Donc, quand tu retiens ta « respiration », tu continues à respirer mais tu arrêtes de ventiler.

8 Santé !

8.1 Aller plus haut

Les expéditions en altitude sont pénibles pour les personnes habituées à vivre près du niveau de la mer ; elles subissent un malaise appelé « mal des montagnes ». La crise se manifeste par une ventilation pulmonaire rapide et profonde qui augmente le volume d'air inspiré et par une augmentation du rythme cardiaque. Des troubles du comportement, comme l'euphorie, peuvent survenir ainsi que des maux de tête, des vomissements et d'autres malaises physiques.

Cette crise est liée au manque de dioxygène. À 5 000 mètres d'altitude, l'air ne contient plus qu'un tiers de la quantité de dioxygène présent au niveau de la mer. En effet, en altitude, l'air se raréfie. La quantité de dioxygène, comme des autres constituants de l'air, diminue. La quantité de dioxygène qui diffuse des poumons vers le sang est dès lors réduite. Cette carence se fait ressentir, entre autres, dans les poumons, dans le cerveau et dans les muscles.

3

Heureusement, le corps s'adapte rapidement. Au bout de quelques jours seulement, la ventilation pulmonaire et le rythme cardiaque se régularisent. Cela est dû à l'augmentation du nombre d'érythrocytes dans le sang dont la numération peut monter à 6,5 millions par mm^3, contre 5 millions en temps normal. Ce nombre peut atteindre 8 millions au sein des populations autochtones des hautes montagnes (Himalaya, Andes...).

L'adaptation est due à un système de régulation du nombre d'érythrocytes, qui fait intervenir une hormone sécrétée essentiellement par les reins, l'**érythropoïétine** (**E.P.O.**). Si le sang est pauvre en dioxygène, les reins réagissent en produisant davantage d'érythropoïétine qui, à son tour, stimule la production d'érythrocytes au niveau de la **moelle rouge** des os.

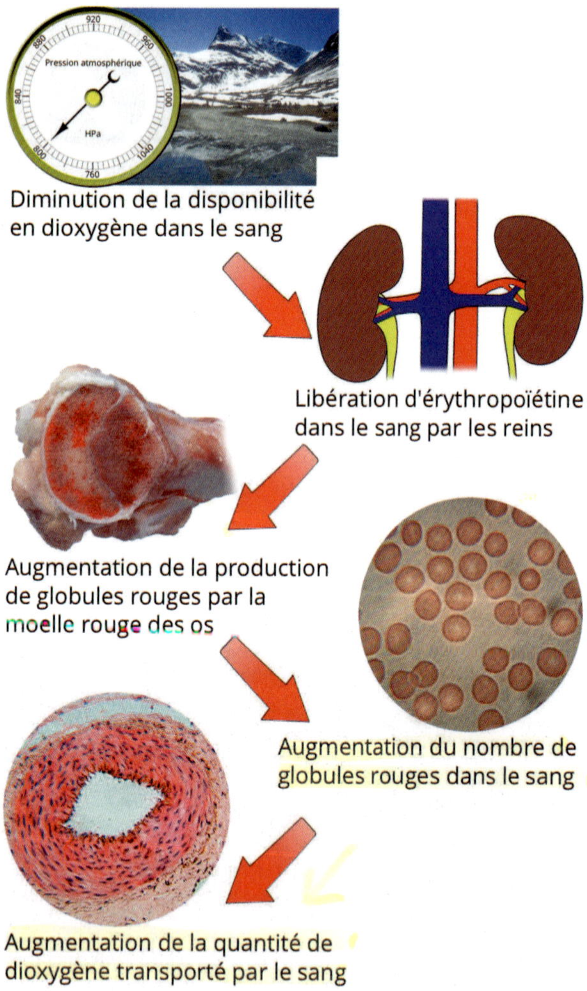

Lors d'un retour à une altitude proche du niveau de la mer, l'adaptation disparaîtra progressivement. Mais, il faut plusieurs semaines, voire plusieurs mois pour revenir aux valeurs initiales.

Toute activité physique nécessite la production d'énergie par les cellules, production qui dépend de l'apport nutritionnel et de la quantité de dioxygène disponible. Si le nombre d'érythrocytes augmente, la quantité de dioxygène transporté par le sang vers les cellules augmente également : l'énergie peut être produite de manière plus importante. On comprend maintenant pourquoi certains sportifs de haut niveau effectuent des séjours en altitude peu avant une compétition importante. Il ne s'agit pas seulement de se mettre au vert, mais bien plus, de s'offrir un supplément appréciable de globules rouges. Et ce n'est pas du dopage !

8.2 Dopage chez les sportifs

18 L'E.P.O. est une hormone naturellement produite par l'organisme humain. Elle est indispensable à la production des globules rouges. Son insuffisance provoque de graves formes d'anémie, telles qu'elles se présentent par exemple chez des malades souffrant du SIDA ou d'insuffisance rénale. Des injections régulières d'E.P.O. de synthèse permettent de rétablir un **hématocrite** plus ou moins normal.

Mais la prise d'E.P.O. rentre aussi dans le cadre général du dopage. Cette hormone permet d'améliorer sensiblement les performances dans les sports d'endurance : elle augmente l'oxygénation musculaire par élévation du nombre d'érythrocytes sanguins. Cette substance remporte un large succès auprès des sportifs, car elle est très efficace et difficile à détecter. Seules des analyses sanguines permettent d'identifier indirectement la présence d'E.P.O. : un hématocrite supérieur à 48 % est probablement d'origine artificielle. Au-delà de 50 %, les cyclistes sont déclarés inaptes au travail !

L'utilisation d'E.P.O. n'est pas seulement de la tricherie, mais aussi un danger pour l'utilisateur. Plusieurs décès inexpliqués de sportifs y trouvent vraisemblablement leur origine. L'élévation du taux d'érythrocytes diminue la fluidité du sang, ce qui entraîne un ralentissement de la circulation, surtout au niveau des capillaires. Lors d'efforts intenses, un caillot sanguin peut se former dans une artère (thrombose) ou une veine (phlébite) avec pour conséquence des embolies pulmonaires, des accidents vasculaires cérébraux ou des infarctus. L'E.P.O. favorise également les poussées de tension artérielle, c'est-à-dire de pression sanguine. 19

8.3 Les substances toxiques inhalées

L'atmosphère contient naturellement des poussières, qui peuvent incommoder les personnes fragiles, des grains de pollen susceptibles de déclencher des allergies ou de l'asthme, et même des molécules soufrées provenant des éruptions volcaniques et des feux de forêt. Mais, de plus en plus, l'action de l'Homme modifie la composition de l'atmosphère.

Le principal changement résulte d'une augmentation de la quantité de gaz produits par la combustion des combustibles fossiles ou végétaux. Si le dioxyde de carbone n'est pas néfaste pour le système respiratoire, il en va tout autrement du monoxyde de carbone, des oxydes de soufre, des oxydes d'azote, de l'ozone et des hydrocarbures.

L'amiante est un composant naturel de certaines roches. Il est incombustible, c'est-à-dire qu'il résiste à de très hautes températures sans brûler. À ce titre, il a été utilisé pendant des dizaines d'années comme matériau de construction, matériel de laboratoire ou composant des plaquettes de frein. Au cours des années 1970, on s'est rendu compte que des particules fines d'amiante pouvaient s'introduire dans les voies respiratoires et causer l'asbestose, cancer du poumon impossible à guérir. Ce matériau a été interdit comme isolant (janvier 1980) et progressivement remplacé par d'autres.

Le Berlaymont a été construit à Bruxelles entre 1963 et 1967, année qui voit la Commission européenne occuper l'immeuble. En 1992, la Commission déménage provisoirement : des travaux de rénovation importants doivent être effectués. Mais, comme pour beaucoup d'immeubles construits dans les années 1960, la protection anti-feu a été assurée par de l'amiante. Tant que l'amiante reste emprisonné dans les murs et les parois sous sa forme floquée, sans danger, pas de soucis. Mais, lors de la rénovation, des poussières d'amiante peuvent être libérées, respirées et avoir un effet cancérigène. Des travaux préalables de désamiantage coûteux et délicats ont dès lors dû être réalisés. Ce n'est qu'en 2004 que la Commission a pu réintégrer les locaux.

Notre habitat est parfois une autre source de pollution : de nombreuses peintures, colles, dissolvants ou produits d'entretien contiennent des produits toxiques. Quand on ne peut éviter leur utilisation, il est essentiel de respecter leur mode d'emploi, de les ranger en lieu sûr et de s'en débarrasser exclusivement via les points de collecte officiels (Parcs à conteneurs).

21

8.4 Le tabac

La fumée du tabac contient plus de 7 000 composants différents, dont beaucoup sont dangereux pour la santé. Les plus connus sont la nicotine, le monoxyde de carbone, des gaz irritants et des éléments cancérigènes dont les goudrons.

- Le monoxyde de carbone, en se fixant de manière irréversible sur l'hémoglobine, diminue la quantité de dioxygène transporté par le sang et donc l'oxygénation des cellules.
- Les goudrons sont responsables de cancers, en particulier de la langue, des lèvres, des voies respiratoires et des poumons.
- La nicotine est une substance très toxique. C'est une drogue qui crée chez le fumeur une dépendance. De plus, la nicotine augmente la pression artérielle en causant le rétrécissement des artères, ce qui peut engendrer des troubles cardio-vasculaires (angine de poitrine, infarctus du myocarde...).
- Les gaz toxiques et irritants sont responsables de la bronchite chronique, qui se manifeste par la sécrétion anormalement abondante du mucus et la paralysie des cils. La bronchite peut mener à l'emphysème, maladie éprouvante qui nécessite un apport de dioxygène en bouteille via un masque ou un tuyau dans le nez.

La fumée de tabac n'est pas seulement nocive pour le fumeur mais aussi pour son entourage puisque l'air est pollué : on parle de tabagisme passif. Le tabac représente également un danger important pour l'embryon et le fœtus. Les femmes enceintes qui fument risquent plus souvent de mettre au monde un enfant prématuré, de masse trop faible ou atteint de troubles respiratoires. Encore plus grave, la mort subite du nourrisson affecte davantage ces bébés.

Fumer des cigarettes « light », à faible teneur en goudron et en nicotine, n'est pas une solution. Le fumeur a tendance à augmenter sa consommation de manière à absorber quotidiennement les mêmes doses de nicotine.

Arrêter de fumer n'est pas facile mais en vaut la peine. Les ex-fumeurs diminuent le risque de cancers, de maladies cardio-vasculaires, de maladies des voies respiratoires et des poumons qui évoluent lentement et durablement et qu'on appelle maladies chroniques. Ils vivent plus longtemps que les fumeurs. Les femmes qui arrêtent de fumer avant la grossesse ou pendant les 3 ou 4 premiers mois de la grossesse diminuent le risque d'accouchement prématuré jusqu'à un niveau équivalent à celui des femmes qui n'ont jamais fumé. De plus, l'ex-fumeur retrouve le goût et l'odorat ainsi que de meilleures performances physiques.

Activités

ACTIVITÉ 1 S'OXYGÉNER – Préconception, modéliser

Que sais-tu déjà ?

Souviens-toi de ton dernier cross au cours de monsieur Biceps. Afin d'arriver dans les temps, tu sollicitais énergiquement tes muscles, tu ventilais énormément tes poumons (rythme respiratoire élevé) et ton rythme cardiaque était élevé.

1) Schématise les relations anatomiques entre les différents systèmes et organes évoqués ci-dessus.

2) Comment ces différents systèmes ou organes interviennent-ils lors du cross ?

3) Toute activité, toute réaction fait intervenir différentes substances. Complète ton schéma en indiquant les différentes substances mises en jeu dans l'activité décrite (échanges, transports, utilisations...).

ACTIVITÉ 2 OBSERVATION DE L'APPAREIL RESPIRATOIRE – Mener à bien une dissection, observer, traduire une observation par un dessin

Matériel

Physique	Biologique	Chimique
– bac à dissection – matériel de dissection	– appareil respiratoire de porc ou de bœuf, mouton, lapin...	– détergent – produit antiseptique du commerce

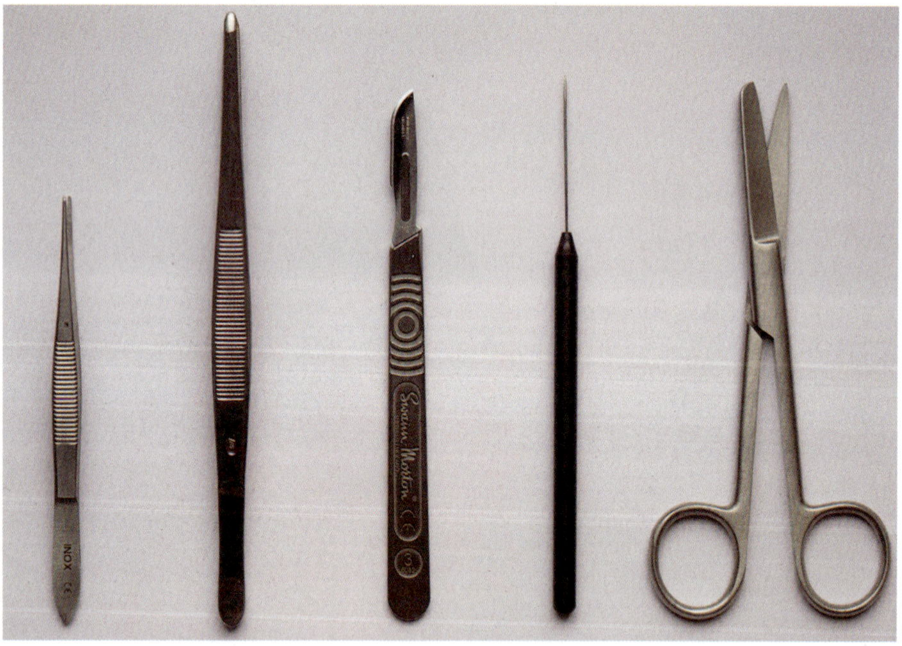

Matériel de dissection
De gauche à droite, pince fine, pince à bouts ronds, scalpel, aiguille montée, paire de ciseaux. Ce matériel complet servira plus tard, lors de futures dissections.

Mode opératoire

1. Observe les deux organes roses : ce sont les poumons. Avec le doigt ou la pince à bouts ronds, appuie délicatement sur l'un d'eux. Décris ta sensation. Observe ce qui se passe lorsque tu relâches la pression. Comment pourrais-tu qualifier les poumons ?
2. Un tube surmonte les poumons : c'est la trachée-artère. Appuie délicatement sur la trachée en divers endroits de sa circonférence. Décris sa structure. Le sommet de la trachée-artère se termine par un renflement, le larynx.
3. Réalise un croquis annoté de l'appareil respiratoire observé.
4. Incise profondément l'un des poumons au scalpel. Observe les parois de l'incision. Es-tu d'accord avec le qualificatif spongieux utilisé pour décrire le tissu pulmonaire ? Recherche si nécessaire la signification de ce mot au dictionnaire.

Entretien du matériel

Après l'observation, nettoie soigneusement les instruments et le bac à dissection à l'aide d'une solution de détergent et rince-les avec un produit antiseptique du commerce. Essuie et sèche les instruments métalliques.

ACTIVITÉ 3 LES VOIES RESPIRATOIRES – Légender, observer, décrire

Les voies respiratoires sont constituées de divers organes dont il est utile de connaître le nom et les caractéristiques principales.
Attribue une vignette (la lettre) à chaque numéro de l'illustration.

- A - **Bronches** : conduits qui pénètrent dans les poumons, où ils se ramifient
- B - **Bronches secondaires** : ramifications des bronches
- C - **Bronchioles** : ramifications des bronches secondaires
- D - **Fosses nasales** : cavités séparées et isolées par une cloison verticale
- E - **Larynx** : large conduit maintenu ouvert par des anneaux de cartilage
- F - **Narines** : deux orifices qui permettent l'entrée d'air
- G - **Pharynx** : organe creux et allongé, commun aux voies digestives et respiratoires
- H - **Poumons** : organes internes où aboutissent les voies respiratoires
- I - **Trachée-artère** : large conduit muni d'anneaux de cartilage incomplets
- J - **Vésicules pulmonaires** : petits sacs boursouflés évoquant une grappe de raisins

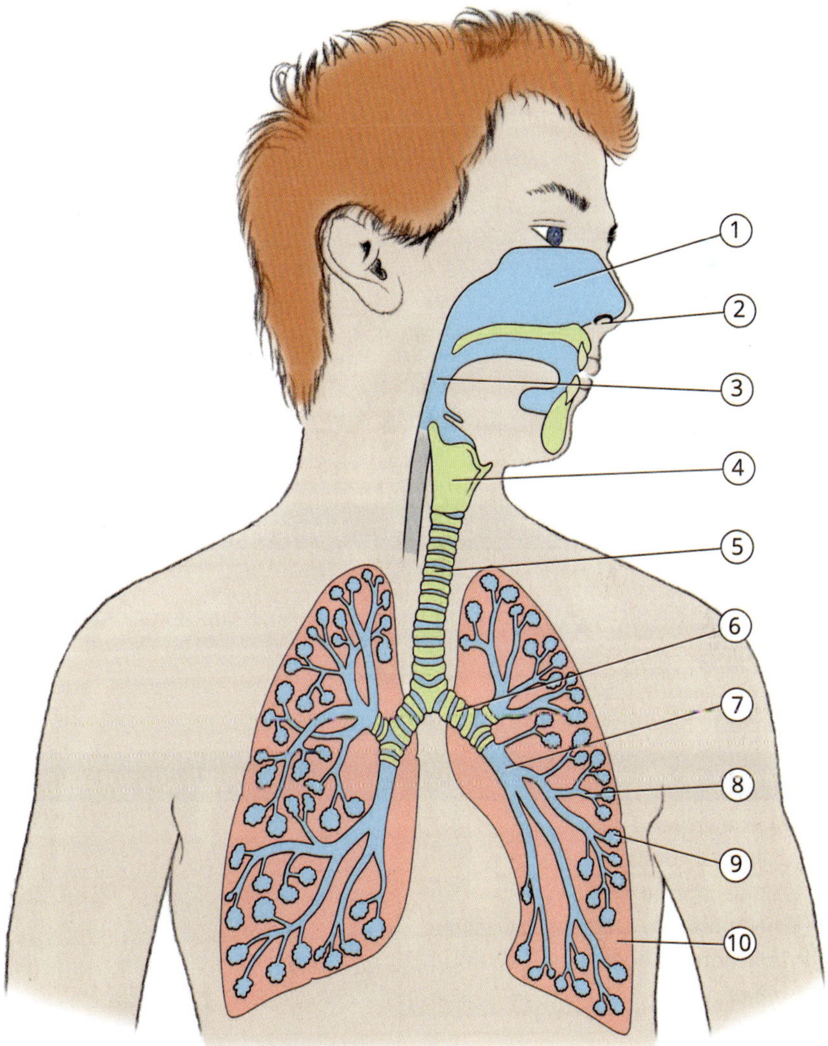

Tu vas maintenant aller un peu plus loin.

1) L'intérieur de tes narines est recouvert d'un mucus humide. Quelle pourrait être son utilité ?
2) Passe ta main sur l'avant de ton cou et repère la partie un peu dure et proéminente : c'est le larynx. Appuies-y légèrement l'index et le majeur d'une de tes mains. Inspire et expire lentement 6 ou 7 fois sans avaler ta salive. Puis, sans déplacer les doigts, essaie d'avaler ta salive tout en continuant tes mouvements respiratoires. Que constates-tu ?
3) Appuie à nouveau l'index et le majeur sur ton cou. Inspire profondément, puis expire lentement tout en prononçant le son « a ». Que constates-tu ?

ACTIVITÉ 4 — L'EAU QUI COLLE – Observer un phénomène, analyser, conclure

La surface externe des poumons est enveloppée par deux feuillets de tissus appelés plèvre. L'un des deux feuillets adhère aux poumons, l'autre tapisse la cage thoracique et le diaphragme. L'expérience suivante va te permettre de comprendre leur rôle.

Matériel

Physique	Chimique
– 1 sachet de plastique souple – 1 paire de ciseaux	– eau

Mode opératoire

1. Découpe deux carrés d'environ 20 cm de côté dans le plastique.
2. Dépose ces feuilles l'une sur l'autre bien à plat sur le banc.
3. Lisse-les soigneusement afin que les deux feuilles se touchent par toute leur surface.
4. Du plat de la main, fais glisser la feuille supérieure par rapport à la feuille inférieure et essaie de la soulever. Décris tes observations.
5. Soulève complètement la feuille supérieure et verse quelques ml d'eau sur la feuille inférieure, puis recommence les opérations 2 à 4. Décris tes observations.
6. Conclus par une phrase indiquant le rôle de l'eau.

ACTIVITÉ 5 — INSPIRE... EXPIRE... – Modéliser, observer, analyser, conclure

Par groupes de 2, vous allez modéliser ce qui se passe dans la cage thoracique lors des mouvements respiratoires.

Matériel

Physique	Schéma du montage
– 1 cloche en verre – 2 ballons à gonfler – 1 tube en forme d'Y – 1 membrane en caoutchouc élastique – 1 bouchon en caoutchouc à un trou – 1 mètre ruban – 1 chronomètre	

Mode opératoire

Modélisation

1. Observez attentivement le montage. Il figure la trachée-artère, les bronches et les poumons dans la cage thoracique. La membrane de caoutchouc représente le diaphragme.
2. Pincez doucement la membrane en caoutchouc au centre et tirez-la doucement vers le bas. Observez et notez ce qui se passe au niveau des ballons. Vous pouvez consulter le document 2 à la page 142.
3. À quelle phase du mouvement respiratoire correspond cette observation ?
4. Recommencez l'expérience et relâchez la membrane en caoutchouc. Observez et notez ce qui se passe au niveau des ballons lorsque la membrane est relâchée.
5. À quelle phase du mouvement respiratoire correspond cette seconde observation ?
6. Selon cette expérience, quel muscle est responsable des variations de volume des poumons ?

Mesure de la cage thoracique

Pour cette activité, l'un d'entre vous prend les mesures sur l'autre.

1. Mesure le périmètre de la cage thoracique de l'un d'entre vous lors d'une inspiration calme. Cette mesure se prend au niveau des seins. Note « inspiration calme » et cette mesure au millimètre près.
2. Mesure la cage thoracique lors d'une expiration calme et note « expiration calme » et le résultat.
3. Mesure la cage thoracique lors d'une inspiration forcée et note « inspiration forcée » et le résultat.
4. Mesure la cage thoracique lors d'une expiration forcée et note « expiration forcée » et le résultat.
5. Décris les modifications observées au cours de cette activité.
6. Interprète ces modifications à la lumière du montage précédent.
7. Quel phénomène cette activité met-elle en évidence, que le montage précédent ne montrait pas ?

Rythme des mouvements respiratoires

Pour cette activité, permutez les rôles (l'expérimentateur devient « cobaye » et vice versa). Pendant cette activité, il est important que l'élève « cobaye » évite de parler.

1. Évalue la fréquence des mouvements respiratoires de l'élève au repos, en comptant le nombre d'inspirations pendant une minute. Pour cela, observe le soulèvement rythmé des vêtements. Prends note du résultat.
2. Pendant une autre minute, évalue la fréquence des mouvements respiratoires du même élève qui ventile profondément (ventilation forcée) et prends note du résultat.
3. L'élève « cobaye » court sur place pendant une minute. Évalue ensuite la fréquence des mouvements respiratoires pendant une minute. Prends note de cette mesure.
4. Décris les modifications observées au cours de cette activité.
5. Le volume total d'air inspiré par minute varie-t-il beaucoup en ventilation forcée par rapport à la ventilation calme ?
6. Le volume total d'air inspiré par minute varie-t-il beaucoup après une minute d'exercice, par rapport à la ventilation calme ?
7. Explique pourquoi le corps réagit de cette façon.

3

ACTIVITÉ 6

OBSERVATION DE LA STRUCTURE EXTERNE DU CŒUR – Mener à bien une dissection, observer, traduire une observation par un dessin

Matériel

Physique	Biologique	Chimique
- bac à dissection - matériel de dissection - 2 pailles : une rouge et une bleue - 4 épingles de couturière - 4 petites étiquettes autocollantes	- cœur de porc ou de bœuf, mouton...	- détergent - produit antiseptique du commerce

Tu peux consulter le document 1 aux pages 140-141 pour vérifier que tes observations sont correctes.

Mode opératoire

1. Prépare 4 petits « drapeaux » avec les épingles et les étiquettes autocollantes. Écris OG sur le premier, OD, VG et VD sur les autres. Tu les placeras aux endroits appropriés le moment venu.
2. Identifie la face ventrale bombée et marquée d'un sillon oblique et la face dorsale, plus plate et caractérisée par la présence de vaisseaux. Identifie le haut, élargi et relativement mou, et le bas, pointu et plus ferme.
3. Identifie les côtés gauche et droit grâce aux sillons qui parcourent le cœur. Sur la face ventrale, le sillon est profond et oblique, c'est-à-dire dirigé de droite à gauche et de haut en bas ; il contient les vaisseaux coronaires. Sur la face dorsale, le sillon est moins profond et presque vertical.

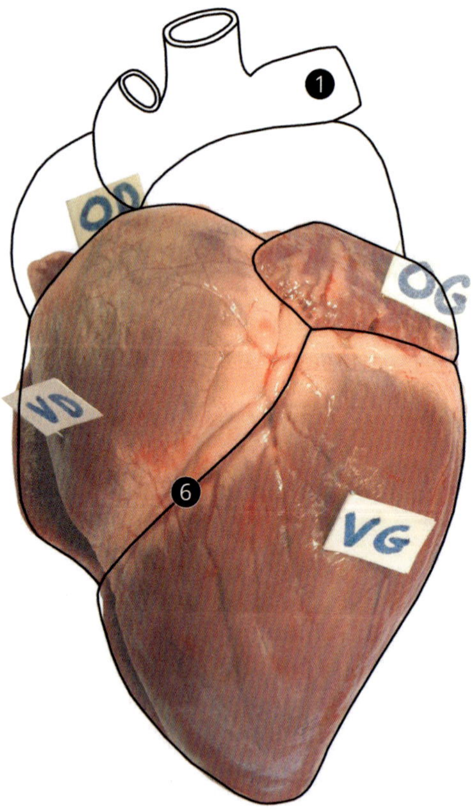

Vue ventrale
1 : artère aorte - 6 : sillon interventriculaire
Remarque l'incision systématiquement pratiquée dans le cœur des animaux d'abattoir.

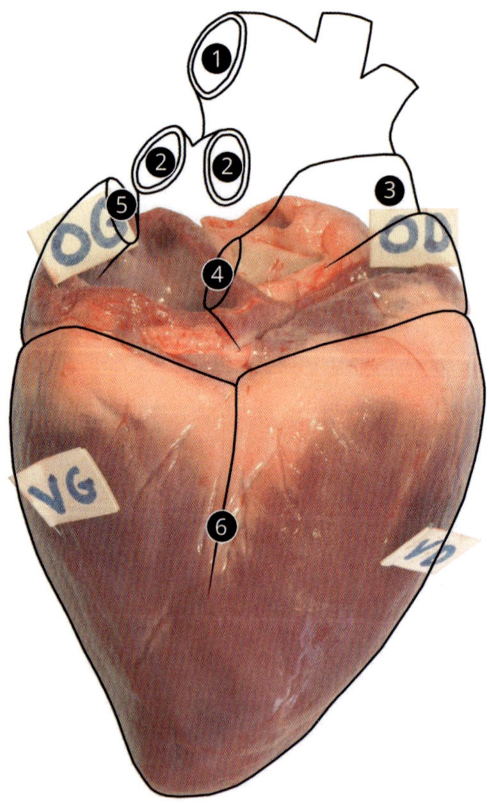

Vue dorsale
1 : artère aorte - 2 : artères pulmonaires -
3 : veine cave supérieure - 4 : veine cave inférieure -
5 : veine pulmonaire - 6 : sillon interventriculaire

4. Recherche et identifie les oreillettes et les ventricules : ces derniers constituent la quasi-totalité de la face ventrale et sont lisses alors que les oreillettes sont rugueuses, aplaties et plus foncées. L'oreillette gauche est visible sur la face ventrale, la droite sur la face dorsale. Il est possible que les oreillettes aient été sectionnées et amputées de leur partie supérieure.
5. Recherche et identifie les principaux vaisseaux.
   Tu peux distinguer aisément les artères des veines, car l'orifice des artères reste béant à cause des nombreuses fibres musculaires et élastiques que leur paroi épaisse renferme ; par contre, l'orifice des veines s'aplatit car leur paroi, assez mince, contient beaucoup moins de fibres. Les veines sont souvent amputées lors de la préparation du cœur. Entre les oreillettes apparaissent deux gros vaisseaux béants issus des ventricules. Le vaisseau le plus ventral est l'artère pulmonaire, qui communique avec le ventricule droit ; le vaisseau le plus dorsal est l'artère aorte, qui communique avec le ventricule gauche. Plonge l'index dans un des orifices artériels ; avec l'extrémité du doigt, appuie, par l'intérieur, sur la paroi externe du ventricule afin d'en apprécier l'épaisseur ; si cette paroi est souple et mince, il s'agit du ventricule droit et l'index est engagé dans l'artère pulmonaire ; introduis-y la paille bleue. Si la paroi est épaisse, c'est le ventricule gauche et l'index est engagé dans l'artère aorte ; introduis-y la paille rouge.
6. Dessine la face ventrale, indique l'échelle et inscris la légende : haut, bas, ventricule droit, ventricule gauche, oreillette droite, oreillette gauche, sillon interventriculaire et, si possible, artère pulmonaire, artère aorte. Dessine la face dorsale, indique l'échelle et inscris la légende : oreillette droite, oreillette gauche et, si possible, veine cave supérieure, veine cave inférieure, veines pulmonaires.

Entretien du matériel

Après l'observation, nettoie soigneusement les instruments et le bac à dissection à l'aide d'une solution de détergent et rince-les avec un produit antiseptique du commerce. Essuie et sèche les instruments métalliques.

ACTIVITÉ 7

OBSERVATION DE LA STRUCTURE INTERNE DU CŒUR – Mener à bien une dissection, observer, traduire une observation par un dessin

Matériel

Physique	Biologique	Chimique
– bac à dissection – matériel de dissection – 4 épingles de couturière – 4 petites étiquettes autocollantes	– cœur de porc ou de bœuf, mouton…	– détergent – produit antiseptique du commerce

Tu peux consulter le document 1 aux pages 140-141 pour vérifier que tes observations sont correctes.

Mode opératoire

1. Prépare 4 petits « drapeaux » avec les épingles et les étiquettes autocollantes. Écris OG sur le premier, OD, VG et VD sur les autres. Tu les placeras aux endroits appropriés le moment venu.
2. Dépose le cœur, sur sa face dorsale, dans le bac à dissection de telle sorte que la pointe soit dirigée vers le haut et les artères dirigées vers toi. Mets en place les petits drapeaux de repérage des oreillettes et des ventricules.

3. Introduis la pointe mousse (extrémité arrondie) des ciseaux dans l'artère pulmonaire, coupe la paroi de l'artère et prolonge l'incision dans la paroi du ventricule droit, en longeant à 0,5 cm le sillon interventriculaire qui parcourt le côté gauche du cœur.

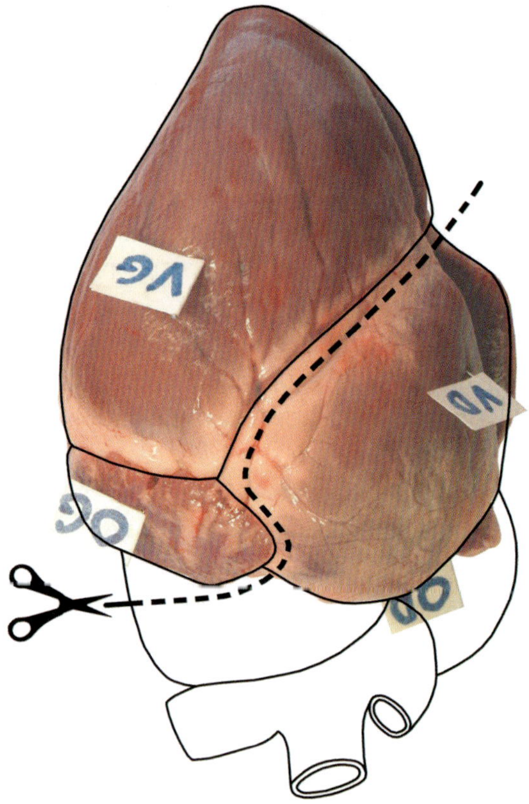

Incision de l'artère pulmonaire
et du ventricule droit

4. Écarte la paroi du ventricule. Sectionne le petit muscle rond qui relie la paroi à la cloison séparant les ventricules. Rince le cœur à l'eau si des caillots de sang encombrent la cavité.
5. Observe la limite de l'artère et du ventricule, et décris la structure particulière qui y est présente.
6. Observe la paroi musculaire du ventricule ; note deux particularités de sa structure.
7. Retourne le cœur de telle sorte que la face dorsale soit visible.
8. Engage la pointe mousse des ciseaux dans l'oreillette droite ; coupe la paroi de l'oreillette et continue dans le ventricule droit en longeant à 1 cm le sillon vertical qui parcourt tout le côté droit.
9. Écarte les deux bords de l'incision ; observe la limite de l'oreillette et du ventricule ; décris la structure particulière qui y est présente.
10. Oriente le bac à dissection pour que la pointe du cœur soit dirigée vers toi. Dessine la cavité ventriculaire droite ouverte et inscris la légende : artère pulmonaire, valvule sigmoïde pulmonaire (structure observée au point 4), valvule tricuspide (structure observée au point 8), paroi ventriculaire externe, paroi interventriculaire (paroi qui sépare le ventricule droit du ventricule gauche).
11. Observe la paroi musculaire de l'oreillette ; compare son épaisseur avec celle du ventricule.
12. Retourne le cœur de telle sorte que la face ventrale soit visible et les vaisseaux dirigés vers toi.
13. Engage la pointe mousse des ciseaux dans l'artère aorte en longeant son bord inférieur, coupe la paroi jusqu'à la base de l'artère ; décris la structure particulière qui y est présente et identifie-la.

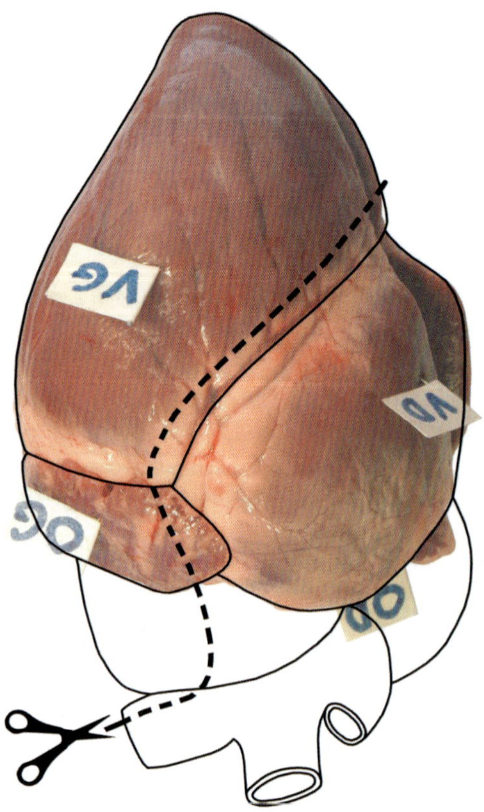

Incision de l'artère aorte
et du ventricule gauche

14. À l'aide du scalpel, prolonge l'incision de l'artère dans la paroi du ventricule gauche en longeant à 0,5 cm le sillon oblique qui parcourt le côté gauche ; continue jusqu'à la pointe du cœur.
15. Rabats à gauche la paroi incisée ; rince la cavité à l'eau ; observe la paroi musculaire du ventricule gauche ; compare-la avec celle du ventricule droit.
16. Observe la limite de l'oreillette et du ventricule : elle comporte une structure particulière ; compare-la avec celle observée au point 8.
17. Oriente le bac à dissection pour que la pointe du cœur soit dirigée vers toi. Dessine les cavités ventriculaire et auriculaire gauches, indique l'échelle et inscris la légende : artère aorte, valvule sigmoïde aortique (structure observée au point 12), paroi de l'oreillette gauche, valvule mitrale (structure observée au point 15), paroi ventriculaire externe, paroi interventriculaire (paroi qui sépare le ventricule droit du ventricule gauche).

Entretien du matériel

Après l'observation, nettoie soigneusement les instruments et le bac à dissection à l'aide d'une solution de détergent et rince-les avec un produit antiseptique du commerce. Essuie et sèche les instruments métalliques.

ACTIVITÉ 8

INTERPRÉTATION D'UNE COUPE TRANSVERSALE DE THORAX
Résoudre une application concrète, transposer

Le schéma ci-dessous représente une coupe transversale de la cage thoracique au niveau de la 7e vertèbre dorsale.

Associe chacun des mots suivants à un numéro du schéma.
Aorte – Cloison interventriculaire – Côte – Cordons tendineux de valvule – Muscles intercostaux – Œsophage – Oreillette droite – Oreillette gauche – Péricarde – Plèvre – Poumon droit – Poumon gauche – Sternum – Ventricule droit – Ventricule gauche – Vertèbre

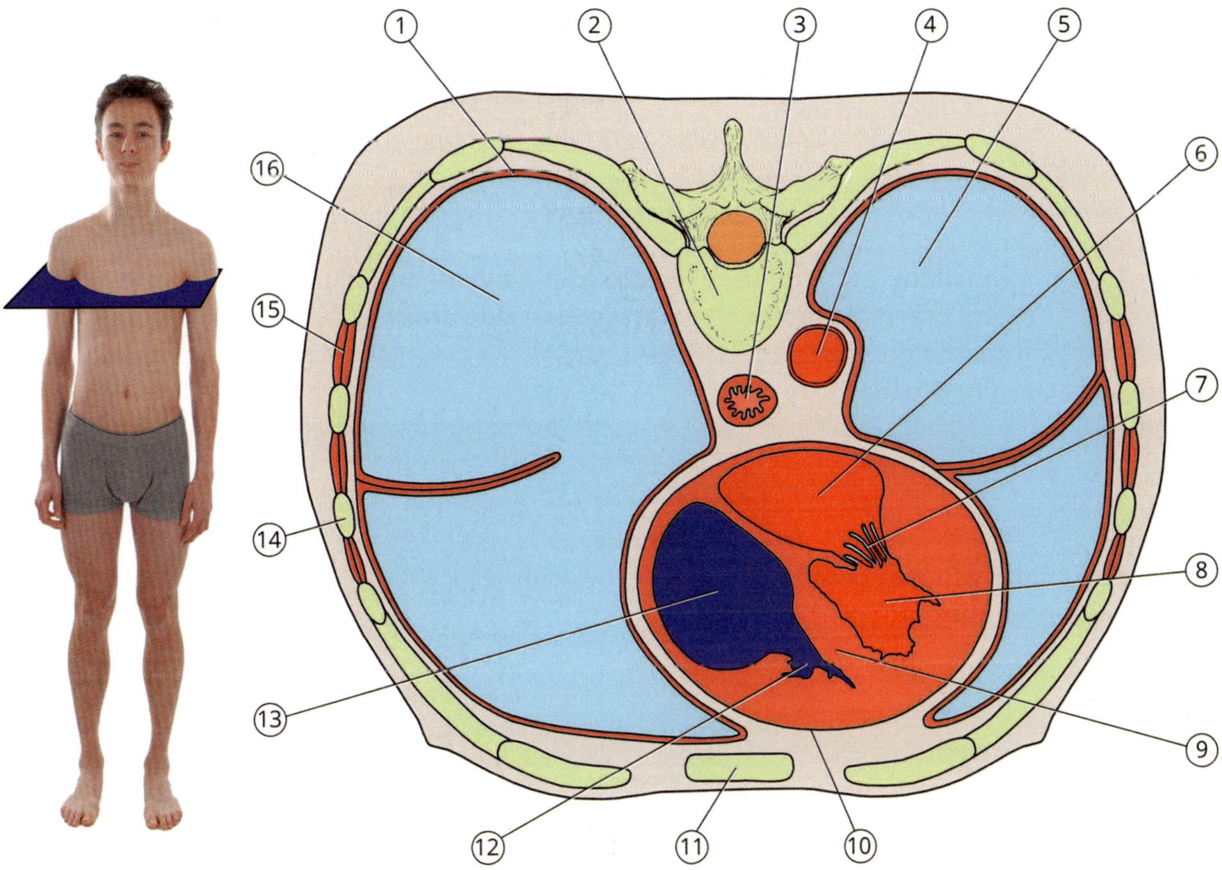

ACTIVITÉ 9 – DE LA PHOTO AU SCHÉMA – Traduire une observation par un dessin

Observe, à la page 39, la photo de la coupe transversale dans différents vaisseaux sanguins.
Réalise un dessin de chaque type de vaisseau, dont les agrandissements figurent à la page 39.
Va relire la page 22 pour te rappeler comment réaliser un dessin d'observation.

ACTIVITÉ 10 – JEU DE PISTE… – Cerner la question, sélectionner les données utiles, transposer

Imagine qu'un savant fou ait réussi à te rapetisser 1 million de fois ! Te voici réduit à la taille d'une bactérie ! Profite de l'occasion, enfile ton micro-scaphandre et pars en exploration dans les voies sanguines. Grâce à la lecture du texte suivant, tu pourras retrouver ton chemin au travers des 100 000 km de vaisseaux d'un corps humain. Tu vas ainsi pouvoir reconstituer le plan du système circulatoire et nommer ses principaux organes et structures.
Commence par photocopier le document 3 à la page 143 et découpe les différentes pièces. Lis le texte qui suit et reconstitue le trajet du sang en collant les pièces du puzzle correctement sur une feuille blanche. Annote le schéma ainsi construit en y recopiant tous les mots imprimés en **gras** dans le texte.

Bon voyage !

Au cours de son trajet, le flux sanguin passe deux fois dans le **cœur** : le sang quitte le cœur, passe par les poumons et revient au cœur. Comme le cœur et les poumons sont très proches, on parle de la petite circulation. Ensuite, le sang quitte à nouveau le cœur et passe dans tous les organes avant de revenir au cœur. Cette partie du trajet est beaucoup plus longue et porte donc le nom de grande circulation.

La petite circulation

Nous démarrerons notre trajet dans le cœur droit. La première cavité du cœur est l'**oreillette droite**. Elle communique avec le **ventricule droit**. Au ventricule droit fait suite le **tronc pulmonaire** qui se subdivise en deux **artères pulmonaires**, chacune arrivant à l'un des poumons. Dans les poumons, les artères se subdivisent en une multitude de **capillaires** qui se rassemblent en **veines pulmonaires**, deux par poumon. Les quatre veines pulmonaires retournent au cœur et y pénètrent par l'**oreillette gauche**.

La grande circulation

L'oreillette gauche débouche dans le **ventricule gauche**. Celui-ci s'ouvre sur la **crosse aortique**, en forme de crosse, comme son nom l'indique, et dont partent :
- l'**artère brachiocéphalique**, qui se divise en l'**artère sous-clavière droite** qui se dirige vers le bras droit où elle devient l'**artère brachiale droite**, et en l'**artère carotide droite** qui se dirige vers la tête ;
- l'**artère carotide gauche** qui se dirige vers la tête ;
- l'**artère sous-clavière gauche** qui se dirige vers le bras gauche.

La crosse aortique se continue en un gros vaisseau appelé **aorte** qui descend verticalement vers le bas du corps et qui se ramifie en de nombreuses artères dont les principales sont :
- le tronc cœliaque qui se subdivise lui-même en **artère gastrique** qui irrigue l'estomac, en **artère splénique** qui dessert la rate et en **artère hépatique** qui va vers le foie ;
- les **artères rénales gauche** et **droite** qui se dirigent vers les reins ;
- l'**artère mésentérique** qui irrigue l'intestin.

Au niveau du bassin, l'aorte se partage en **deux artères iliaques droite** et **gauche**, qui se prolongent dans les cuisses par les **artères fémorales**.
Dans les divers organes, toutes ces artères se ramifient en capillaires qui finissent par se rassembler en veines. Dans la plupart des cas, les veines portent d'ailleurs le même nom que l'artère correspondante. Les capillaires rénaux, par exemple, se rassemblent pour former les **veines rénales**. Les **veines jugulaires** ramènent le sang de la tête. Les veines de la partie supérieure du corps se rassemblent pour former la **veine cave supérieure** qui retourne à l'oreillette droite. Les veines de la partie inférieure du corps se rassemblent pour former la **veine cave inférieure** qui retourne également à l'oreillette droite.
Un cas particulier est celui de la **veine porte**, qui quitte l'intestin et irrigue le foie, au sein duquel elle se ramifie à nouveau en de nombreux capillaires. Ceux-ci se rassemblent, forment la **veine hépatique** qui, enfin, se jette dans la veine cave inférieure.
Te voilà de retour à ton point de départ !

ACTIVITÉ 11 — MON CŒUR BAT – Expérimenter, analyser, conclure

Par groupes de deux, vous allez découvrir quelques techniques d'exploration du système cardio-vasculaire.

Matériel

Physique
– 1 stéthoscope – 1 tensiomètre – 1 chronomètre

Mode opératoire

Les bruits du cœur

1. Place les écouteurs du stéthoscope dans les oreilles et applique la membrane au milieu de la poitrine.
2. Décris les bruits entendus.

Le pouls

1. Recherche, en appuyant légèrement l'index et le majeur, l'endroit du poignet où des pulsations sont perceptibles.
2. Compte le nombre de pulsations au repos pendant une minute et note ton relevé. Répète encore deux fois ce comptage. Calcule la moyenne des trois relevés au repos.
3. Sautille 50 fois sur place, puis compte le nombre de pulsations pendant la minute suivante et note ton relevé en précisant « au temps t = 0 ».
4. Repose-toi pendant une minute, puis compte le nombre de pulsations pendant la troisième minute suivant l'effort et note ton relevé en précisant « au temps t = 2 min ». Répète ce comptage, pendant les cinquième, septième, neuvième… minutes suivant l'effort jusqu'à ce que tu retrouves le rythme au repos et note tes relevés.
5. Trace le graphique exprimant le nombre de pulsations par minute en fonction du temps de repos écoulé après l'effort.

3 La tension artérielle (pression du sang dans les artères)

Il existe deux modèles de tensiomètres. Quel que soit le modèle que tu vas utiliser, il faut que le bras ou le poignet muni de l'appareil soit maintenu à hauteur du cœur pendant la mesure.

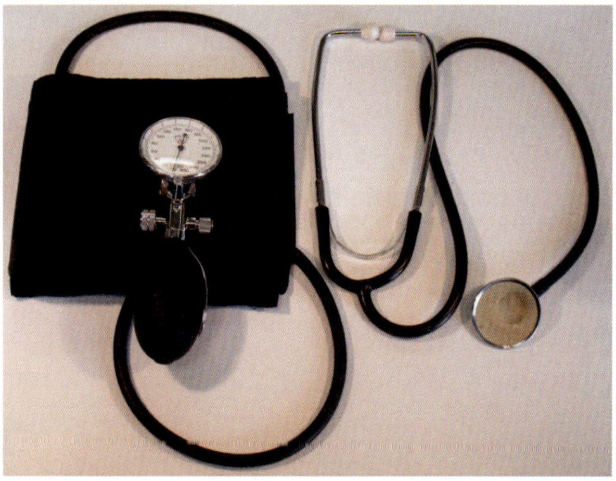

Tensiomètre, modèle 1

1. Enroule le brassard autour du bras et serre la vis de décompression.
2. Gonfle le brassard à l'aide de la poire jusqu'à lire une pression de 20 cm de mercure (270 mbar).
3. Place les écouteurs du stéthoscope dans les oreilles et pose la membrane au creux du bras.
4. Desserre légèrement la vis de décompression de manière à faire diminuer lentement la pression.
5. Lis la mesure de la pression dès que tu entends les bruits du cœur et note la valeur mesurée.
6. Laisse encore diminuer la pression et lis la mesure dès que les bruits du cœur disparaissent et note la valeur mesurée.

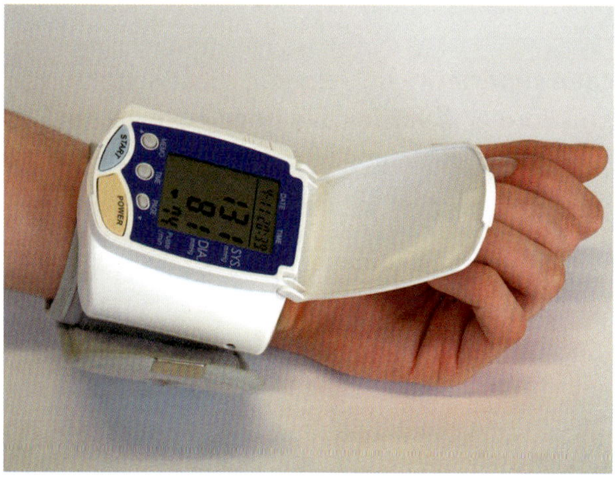

Tensiomètre, modèle 2

1. Enroule le brassard autour du poignet.
2. Appuie sur le bouton de démarrage, attends le signal sonore puis lis et note les deux valeurs mesurées.

1. Mesure la tension au repos et note les tensions maximale et minimale. Répète encore deux fois cette mesure. Calcule la moyenne des relevés au repos.
2. Sautille 50 fois sur place et mesure la tension immédiatement après l'exercice, puis 2 minutes, 4 minutes, 6 minutes et 8 minutes après l'exercice. Note les tensions maximale et minimale pour chaque mesure.
3. Trace le graphique exprimant la tension maximale et la tension minimale en fonction du temps écoulé après l'effort.
4. Résume les observations réalisées lors de la prise de pouls et de la mesure de la tension artérielle.
5. Interprète ces observations : quelle est la cause interne des modifications observées ?
6. Pourquoi le corps réagit-il de cette façon ?

ACTIVITÉ 12

MON CŒUR EN VOIT DE TOUTES LES COULEURS – Cerner la question, sélectionner les données, mobiliser des connaissances, transposer

Ouvre ton cœur

Lis attentivement le texte suivant.

> La circulation dans le cœur est double.
> Dans le cœur droit, le sang veineux provient des veines caves inférieure et supérieure. Il pénètre dans l'oreillette droite. Lorsque celle-ci se contracte, le sang est poussé dans le ventricule droit en traversant la valvule tricuspide. Lorsque le ventricule droit se contracte à son tour, le sang est expulsé du cœur en franchissant une valvule sigmoïde. Il est envoyé vers les poumons via les artères pulmonaires.
> Dans le cœur gauche, le sang arrive par les veines pulmonaires. Il pénètre dans l'oreillette gauche. Lorsque celle-ci se contracte, le sang franchit la valvule mitrale et pénètre dans le ventricule gauche. La contraction du ventricule chasse le sang vers l'artère aorte via une valvule sigmoïde. De là, le sang circule dans tout l'organisme.

Annote la coupe du cœur. Attention : le cœur est dessiné en vue ventrale, c'est-à-dire de face.
Tu dois associer à chacun des numéros du schéma ci-contre une des légendes suivantes : veines pulmonaires – veine cave inférieure – veine cave supérieure – oreillette gauche – oreillette droite – ventricule gauche – ventricule droit – crosse aortique – artères pulmonaires – valvule mitrale – valvule tricuspide – valvules sigmoïdes.

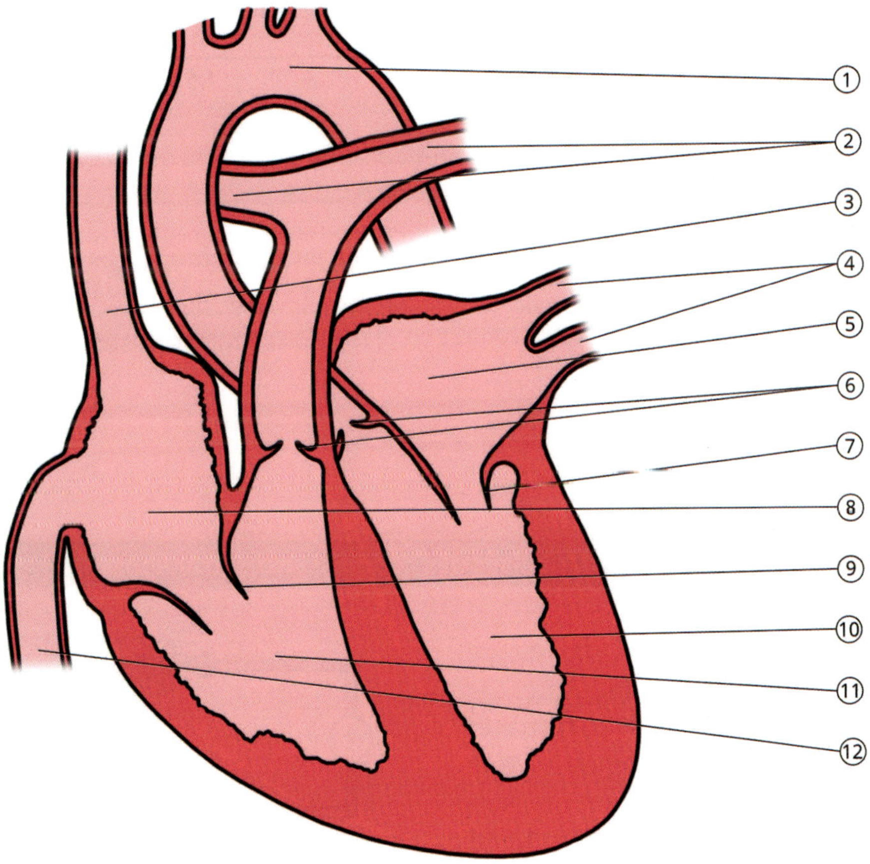

3 Le tempo cardiaque

Sur le graphique suivant, les variations de plusieurs paramètres, dont certains que tu as pu mesurer à l'activité 11, sont représentées. Ces variations sont périodiques, c'est pourquoi on parle du cycle cardiaque. Un cycle est une succession de plusieurs étapes : une contraction des oreillettes (systole auriculaire ❶), une contraction des ventricules (systole ventriculaire ❷) et enfin une phase de repos (diastole ❸).

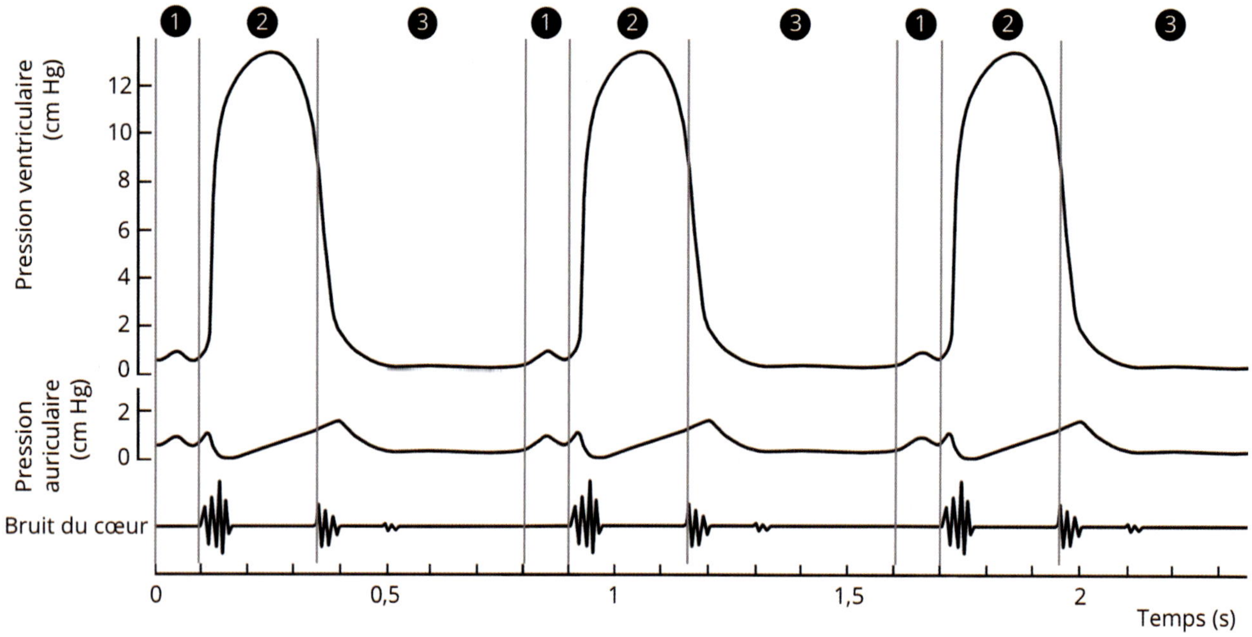

1) À partir de ces données, indique les cavités occupées par le sang au cours de chacune des phases du cycle. Pour chacune des phases, explique en quelques mots ce qui se passe.
2) Toutes les parties du cœur se contractent-elles en même temps ?
3) Que se passerait-il si les oreillettes et les ventricules se contractaient en même temps ?
4) Quel pourrait être, selon toi, le rôle des valvules mitrale, tricuspide et sigmoïdes ?
5) À quel moment le cœur fait-il du bruit ? À quoi ces bruits pourraient-ils correspondre ?

ACTIVITÉ 13 LE 8... AÉRIEN – Mobiliser des connaissances, transposer

1) Observe le schéma, ci-contre, très simplifié de la circulation sanguine. Associe les chiffres du schéma aux noms suivants : Veines pulmonaires – Aorte – Artère rénale – Veine rénale – Veine cave – Artères pulmonaires.
2) Complète ta réponse à la question **1.** en indiquant si le sang véhiculé par chacun des vaisseaux est enrichi ou appauvri en dioxygène et en dioxyde de carbone.

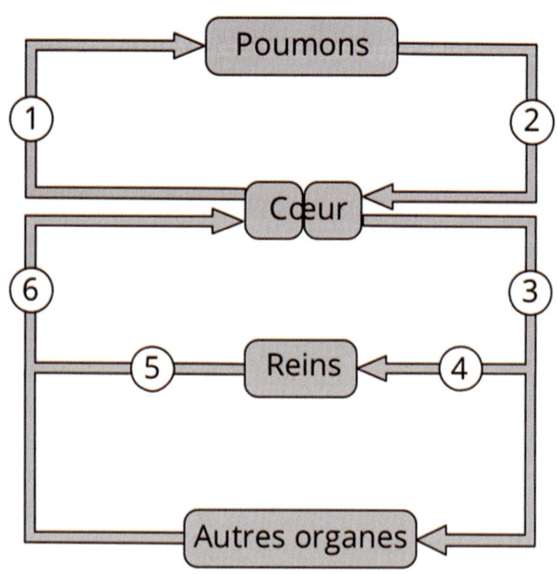

ACTIVITÉ 14

ENRAYER UNE HÉMORRAGIE – Résoudre une application concrète

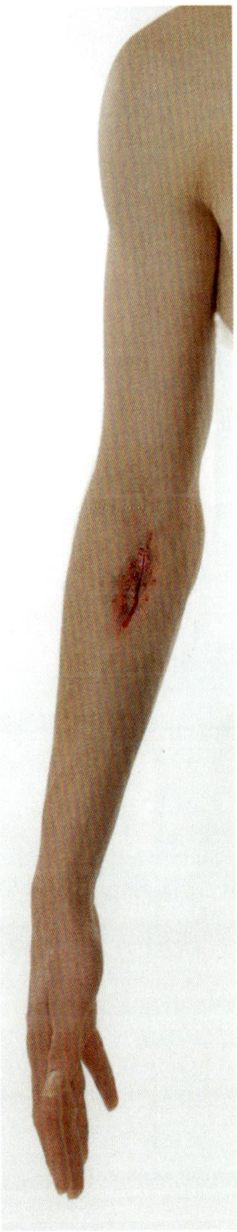

Tu pourrais un jour être témoin d'un accident entraînant une hémorragie, c'est-à-dire une importante perte de sang. Elle est causée par une blessure relativement profonde avec section de vaisseaux assez importants. Une intervention rapide est nécessaire.

La plupart du temps, il suffit d'appuyer fortement sur la plaie à l'aide d'un linge propre pendant quelques minutes. Quand le sang ne s'écoule plus, on peut faire un pansement. Parfois, cette manipulation est insuffisante à enrayer l'hémorragie. Il faut alors comprimer, avec le pouce ou le poing, le vaisseau sectionné pour l'empêcher d'amener encore du sang. Mais comment savoir de quel côté de la plaie il faut comprimer ?

Prenons un exemple concret : une coupure assez profonde est située à l'avant-bras. Deux cas peuvent se présenter, soit c'est une artère qui a été sectionnée, soit c'est une veine.

Tes connaissances actuelles te permettent de répondre aux deux premières questions ci-dessous.

1) Quelle est la couleur du sang qui circule dans l'artère et celle du sang qui circule dans la veine ?

2) Quelle est la pression du sang (faible et continue ou élevée et variable) dans l'artère et dans la veine ?

3) Si le sang est rouge vif et qu'il s'écoule par saccade, as-tu affaire à l'artère ou à la veine ?

4) Et si le sang est rouge foncé et qu'il s'écoule lentement et de manière continue, à quel vaisseau as-tu affaire ?

5) Sachant que les artères emmènent le sang du cœur vers les extrémités du corps et que les veines ramènent le sang des extrémités vers le cœur, tu es maintenant en mesure d'identifier l'endroit où la compression doit être appliquée. Dois-tu appuyer en haut ou en bas de la coupure dans le cas de l'artère ? Et dans le cas de la veine ?

ACTIVITÉ 15

ANALYSE D'UN PROTOCOLE D'ANALYSE DE SANG – Cerner la question, sélectionner les données utiles, comparer

Dans le cadre d'un bilan de santé, une prise de sang a permis l'analyse hématologique, c'est-à-dire l'analyse de la composition cellulaire du sang. Voici les résultats de cette analyse.

LABORATOIRE DE BIOLOGIE CLINIQUE
Rue Émile Francqui, 3 - 1435 Mont-Saint-Guibert
Chef de service : Ph. Bonsang

05/09/2022

Concerne **PATIENT Dominique**
Demeurant **Avenue des Sorbiers, 8 - 1453 LA VILLE**
Né(e) le **05/05/2007** Sexe : **M**
Demandé le **03/09/2022**

Au Docteur
BIENFAISANT Michel

HÉMATOLOGIE - IMMUNOHÉMATOLOGIE

ANALYSE	RÉSULTAT	UNITÉ	NORMES
Taux d'hémoglobine	- 10,0	g/dl	10,7 - 12,8
Numér. des globules rouges	+ 5,95	10*12/1	3,80 -4,80
Vol. glob. tot. (hématocr)	0,329	1/1	0,320 - 0,40
Conc. moy. globul. d'Hb	- 20,2	g/dl	32,0 - 38,0
Glob. moy. en Hb (TCMH)	- 16,7	pg	27,0 -32,0
Vol. globulaire moyen	- 55,2	fl	67,0 - 88,0
Sédiment. des gl. rouges	10	mm	0 - 15
Num. des thrombocytes	+ 459	10*9/1	150 - 450
Numération des gl.blancs	12,27	10*9/1	6,00 - 17,0
Formule leucocytaire %			
Basophile	0,5	%	
Eosinophiles	2,2	%	
Neutrophiles non segm.	0,0	%	
Neutrophiles segm.	62,1	%	
Lymphocytes	26,9	%	
Monocytes	3,6	%	
Lymphocyte grand/plasmocyte	2,7	%	
Cellules anormales	0,0	%	
Formule leucocytaire - val. absolue			
Basophile	0,07	10*9/1	0,00 - 0,20
Eosinophiles	0,42	10*9/1	0,05 - 0,65
Neutrophiles	8,37	10*9/1	1,50 - 8,50
Lymphocytes	3,57	10*9/1	1,50 - 9,50
Monocytes	0,48	10*9/1	0,00 - 0,90
Lymphocyte grand/plasmocyte	0,36	10*9/1	0,00 - 0,36
Cellules anormales	0,00	10*9/1	
Morphologie cellulaire	hyperchromie légère, anisocytose, anisochromie et poikilocytose modérée présence de cellules cibles		
Groupe sanguin ABO	AB		
Rhésus	Positif		

Tu vas te concentrer sur les analyses suivantes :

1. la concentration d'hémoglobine (Hb) ;
2. la numération (nombre de cellules par unité de volume) des globules rouges ;
3. le volume globulaire moyen ;
4. la numération des globules blancs ;
5. la numération des plaquettes (thrombocytes).

Pour chacune de ces analyses, indique :

a) le résultat de l'analyse du patient ;
b) la ou les valeur(s) normale(s) ;
c) + ou –, selon que le résultat est supérieur ou inférieur à la normale ;
d) le pourcentage d'écart par rapport à la normale (si + ou –), que tu calcules de la façon suivante :
   - si le résultat est inférieur à la norme,

$$\text{pourcentage} = \frac{(\text{norme basse} - \text{résultat})}{\text{norme basse}} \times 100\ \%$$

   - si le résultat est supérieur à la norme,

$$\text{pourcentage} = \frac{(\text{résultat} - \text{norme haute})}{\text{norme haute}} \times 100\ \%$$

Tire les conclusions de ton analyse.

ACTIVITÉ 16 — LE TRANSPORT DE DIOXYGÈNE – Analyser, émettre une hypothèse

Tu sais que le sang est le transporteur du dioxygène.
Tu sais aussi que le sang est constitué de beaucoup d'eau ; une partie de cette eau constitue le plasma, une autre est contenue dans les cellules. En moyenne, 100 ml de sang contiennent 80 ml d'eau.
Or, 80 ml d'eau sont capables de dissoudre 0,43 mg de dioxygène au maximum.

Le tableau ci-dessous donne les résultats d'analyses des gaz transportés par le sang.

	Masse de gaz transportés (en mg)	
	O_2	CO_2
Sang désoxygéné (100 ml)	21,5	104,1
Sang oxygéné (100 ml)	28,7	96,2

1) Compare les masses d'O_2 effectivement transportées par 100 ml de sang avec la masse maximale dissoute dans 80 ml d'eau. Quelle conclusion peux-tu tirer de cette comparaison ?
2) Formule une hypothèse qui pourrait répondre au problème posé par ta conclusion.

ACTIVITÉ 17

COMPOSITION DE L'AIR INSPIRÉ ET EXPIRÉ – Expérimenter, analyser, émettre une hypothèse

Matériel

Physique	Chimique
– cylindre gradué de 25 ml – erlenmeyer de 100 ml – 2 tubes en verre coudés – bouchon percé de deux trous parfaitement adaptés aux tubes	– eau de chaux

L'eau de chaux est un bon indicateur de la présence de CO_2 : elle est limpide en absence de CO_2 et se trouble en sa présence.

Mode opératoire

1. Recopie le tableau suivant.

	Description	Observation	Interprétation
	Eau de chaux en début de test		
Test 1	Eau de chaux + air expiré		
Test 2	Eau de chaux + air inspiré		

2. Réalise le montage illustré ci-contre. Sois prudent, le verre est cassant.

3. Mesure 25 ml d'eau de chaux à l'aide du cylindre gradué et verse-la dans l'erlenmeyer.

4. Observe le récipient par transparence sur un fond blanc et note tes observations dans ton tableau.

5. Expire (souffle) calmement et à fond dans le tube 1.
6. Observe à nouveau le récipient et note tes observations dans ton tableau.
7. Interprète le résultat obtenu.
8. Vide l'eau de chaux et rince l'erlenmeyer.
9. Mesure à nouveau 25 ml d'eau de chaux à l'aide du cylindre gradué et verse-la dans l'erlenmeyer.
10. Observe le récipient par transparence sur un fond blanc.
11. Inspire calmement et longuement (même durée qu'en **5.**) dans le tube 2.
12. Observe à nouveau le récipient et note tes observations dans ton tableau.
13. Interprète le résultat obtenu.
14. Vide l'eau de chaux et rince l'erlenmeyer.

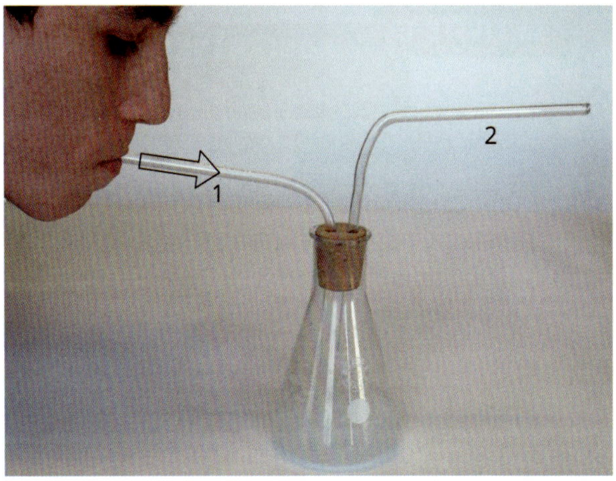

Exploitation des résultats

1) Compare l'air inspiré à l'air expiré.
2) Que se passe-t-il au niveau des poumons ?
3) Formule une hypothèse pour expliquer ce qui se passe au niveau des poumons.

ACTIVITÉ 18 STOP EPO ! – Émettre une hypothèse

Lors du Championnat du monde à Hamilton en 2003, la cycliste Geneviève Jeanson a été interdite de participation à une compétition parce que son hématocrite était trop élevé.

Accusée d'avoir utilisé de l'EPO, elle a prétendu que son hématocrite élevé était causé par l'utilisation régulière qu'elle faisait d'une tente hypoxique pour dormir (c'est une tente où le taux d'oxygène est maintenu sous la normale).

Son explication te semble-t-elle plausible ? Argumente ta réponse.

3

ACTIVITÉ 19

ROULER OU TRICHER – Expliquer un phénomène, cerner la question, sélectionner les données utiles, justifier l'explication, communiquer

Le « Tour » ne tourne plus rond !

À la lumière de tes connaissances sur le fonctionnement du corps et en t'appuyant sur les deux articles suivants, rédige un court article expliquant comment l'autotransfusion ou la transfusion homologue est utilisée par les « sportifs » pour améliorer leurs performances.

Cyclisme : Vinokourov licencié par Astana

Le Kazakh Alexandre Vinokourov a été licencié par l'équipe Astana en raison de son contrôle antidopage qui a révélé la pratique d'une transfusion homologue durant le Tour de France, a annoncé la formation cycliste.
[...] Vinokourov, l'un des favoris du Tour de France au départ de l'épreuve le 7 juillet 2007, avait été contrôlé positif samedi 21 juillet, après sa victoire dans le contre-la-montre d'Albi, 13e étape du Tour de France. Son équipe avait alors immédiatement quitté le Tour. [...]

actu24.be, 30 juillet 2007

Alexandre Vinokourov

La transfusion homologue, une stratégie de dopage risquée

Au Laboratoire national de dépistage du dopage (LNDD) de Châtenay-Malabry, on n'en revient toujours pas. C'est quand même très étonnant, on pensait que les transfusions homologues n'étaient plus utilisées par les sportifs, commente-t-on au LNDD où les échantillons sanguins d'Alexandre Vinokourov ont été déclarés positifs.
Depuis le contrôle positif de l'Américain Tyler Hamilton, en 2004 sur le Tour d'Espagne, pour une transfusion homologue, c'est-à-dire avec un donneur compatible, les autorités antidopage avaient acquis la conviction que les sportifs s'étaient détournés vers les autotransfusions – qui consistent à prélever le sang d'un sportif pendant une période de repos afin de le lui réadministrer avant une compétition –, elles encore indétectables. [...]
Au LNDD, on voit dans le recours à la transfusion homologue la manifestation d'un sentiment de « panique » chez les sportifs. La peur du gendarme aura en effet sans doute contraint Alexandre Vinokourov à abandonner les autotransfusions – qui nécessitent une logistique pour transporter, conserver et injecter les poches de sang – pour privilégier une transfusion avec un individu de groupe sanguin [...] identique, plus « discrète » à réaliser mais également plus facile à détecter.
Le changement de stratégie du Kazakh, très risqué, s'est avéré perdant. Une étude, réalisée par le responsable de la commission médicale de l'UCI, Mario Zorzoli, montre que les coureurs adaptent leurs méthodes de dopage aux avancées de la lutte antidopage. À partir des milliers de contrôles sanguins effectués depuis dix ans, le médecin a surveillé l'évolution de plusieurs paramètres (hématocrite, hémoglobine, réticulocytes...) dans une large population de coureurs. À l'aune de ses résultats, il apparaît qu'après l'introduction du test de dépistage de l'érythropoïétine (EPO), en 2001, les coureurs ont délaissé les cures d'EPO au profit des autotransfusions sanguines. Ces dernières, outre qu'elles sont toujours indécelables, ont le même intérêt que l'EPO : augmenter la concentration des globules rouges dans le sang et donc favoriser l'oxygénation des muscles et, par conséquent, améliorer les capacités d'endurance. [...]

Stéphane Mandard,
dans *Le Monde*, 30 juillet 2007

ACTIVITÉ 20

SANTÉ EN DANGER ! – Cerner la question, sélectionner les données utiles, communiquer

À partir des documents suivants, réalise un tableau synthétique : dresse la liste des principales substances toxiques pour l'Homme, indique leurs sources principales et leurs effets sur la santé humaine.

Les toxiques naturels

L'atmosphère contient naturellement des poussières qui peuvent incommoder les personnes fragiles, ou des grains de pollen susceptibles de déclencher des allergies ou de l'asthme.

Les polluants de l'air

Les principaux polluants de l'air sont :
- les particules et poussières ;
- le CO ;
- les oxydes de soufre (SO_x) ;
- le CO_2 ;
- les oxydes d'azote (NO_x) ;
- les hydrocarbures ;
- l'ozone (O_3).

Les particules

La source principale de particules est le diesel des pots d'échappement, l'industrie, les feux de bois et les mines.
Ces particules de taille inférieure à 10 µm sont responsables de maladies pulmonaires chroniques de type asthme, bronchites, emphysèmes et pleurésies.

L'activité humaine

L'activité humaine provoque une augmentation de la quantité de gaz produits par la combustion des combustibles fossiles ou végétaux.
Si le dioxyde de carbone n'est pas néfaste pour le système respiratoire, il en va tout autrement du monoxyde de carbone, des oxydes de soufre, des oxydes d'azote, de l'ozone et des hydrocarbures mal brûlés.

L'amiante

Il existe différentes variétés d'amiante :
- la variété bleue, très répandue dans les roches d'origine volcanique ;
- la variété blanche (trémolite) également d'origine volcanique ;
- l'asbeste, utilisé dans l'industrie et comme isolant thermique, peut provoquer des cancers.

Les polluants

En fait, l'atmosphère n'est jamais pure car des gaz comme SO_2 ou CO sont continuellement libérés naturellement par l'activité volcanique ou les feux de forêt.
On ne peut parler de polluants dans l'atmosphère que si les substances toxiques s'y trouvent en quantités anormalement élevées.

Les oxydes d'azote (NO_x)

Le diazote et le dioxygène sont de loin les composants les plus abondants de l'atmosphère (N_2 : 78 % et O_2 : 21 %), mais ils ne réagissent pas ensemble à des températures normales.
Les oxydes d'azote résultent de la combustion à haute température dans les moteurs automobiles.
Le NO_2 est un gaz rougeâtre et odorant. Il peut se combiner avec l'hydrogène pour former du nitrate d'hydrogène HNO_3.
Les oxydes d'azote sont responsables de la formation de l'ozone et coresponsables, avec le sulfate d'hydrogène, des pluies acides.

Les composés soufrés

Les oxydes de soufre sont les deuxièmes plus importants polluants atmosphériques.
Le SO_2 est un gaz lourd et incolore. Il se forme par combinaison des oxydes de soufre issus des industries charbonnières, du carburant des centrales électriques et des véhicules à moteur avec l'O_2 atmosphérique. La plupart des composés soufrés se combinent avec l'eau atmosphérique pour former du sulfate d'hydrogène (H_2SO_4), responsable des pluies acides qui jaunissent les feuilles des arbres, dissolvent le marbre et sont corrosives pour les métaux. Ces pluies acides sont également responsables du brouillard ou « smog » urbain.
Les composés soufrés sont irritants pour les voies respiratoires et les yeux.

L'ozone

Dans la haute atmosphère, l'ozone (O_3) a un effet positif car il empêche les rayons UV d'arriver au sol. Par contre, au niveau du sol, l'ozone est un irritant très puissant des voies respiratoires. Il suffit de suivre la presse en été : lors des « pics d'ozone », les personnes fragiles (enfants, personnes âgées, asthmatiques...) sont invitées à rester chez elles et à ne fournir aucun effort physique intense.

Le CO

Le monoxyde de carbone est, en volume, le polluant principal résultant de l'activité humaine. Il est incolore, inodore et insipide. Il se forme par combustion incomplète des combustibles fossiles. La source principale est l'automobile à moteur thermique.

ACTIVITÉ 21 – FUMER OU NE PAS FUMER ? TELLE N'EST PAS LA QUESTION !

Présenter sous une autre forme

À l'aide des documents ci-dessous, réalise une affiche pour la journée mondiale sans tabac du 31 mai, faisant la synthèse des informations relatives au tabac et autres produits à fumer.
Cette affiche comportera au minimum :
- un diagramme circulaire montrant le nombre de morts causés par le tabagisme et les autres causes ;
- une liste des substances toxiques contenues dans la fumée des différents produits à fumer et leurs dangers principaux ;
- une mise en garde contre le tabagisme passif ;
- un slogan invitant à ne pas commencer à fumer ou à arrêter.

Elle devra mettre en évidence le lien entre tes connaissances scientifiques et la situation décrite dans les documents.
(Aide-toi de la fiche pratique, page 146).

Document 1 – Des chiffres

Le tabac fait plus de 8 millions de morts chaque année dans le monde. Plus de 7 millions d'entre eux sont des consommateurs ou d'anciens consommateurs et environ 1,2 million sont des non-fumeurs involontairement exposés à la fumée (OMS 2021).
Au Grand-Duché de Luxembourg, en 2018, il y a eu 4 108 décès pour 607 950 habitants. Entre 2016 et 2019, la moyenne annuelle de morts attribuables à des maladies cardio-vasculaires, à des cancers, au diabète ou à des maladies respiratoires chroniques était de 2 968. Sur ce nombre, 1 000 morts seraient attribuables au tabagisme, dont 80 à du tabagisme passif. Pour comparaison, le nombre de morts par suicide était de 70, par accidents de la route de 41, par empoisonnement accidentel de 14, par le VIH-SIDA de 12, par homicide de 7.

Document 2 – Les différents produits à fumer

- Les produits du tabac sont composés, totalement ou partiellement, de tabac comme la cigarette, le cigare, le tabac à pipe, le tabac à pipe à eau…
- Les produits de vapotage (cigarettes électroniques) avec ou sans nicotine sont des produits destinés à la consommation de vapeur.

Document 3 – Les dangers du tabac et de ses substituts

Avant même d'être transformé par les compagnies de cigarettes, le plant de tabac contient déjà des composés toxiques naturels comme la nicotine et des produits chimiques comme l'arsenic utilisé dans les insecticides. La fumée libérée par la combustion des produits du tabac libère de nombreuses substances dont beaucoup sont toxiques pour l'organisme, comme les goudrons, la nicotine, des gaz comme le monoxyde de carbone et des métaux lourds (cadmium, mercure, plomb, arsenic…). La fumée de cigarette contient jusqu'à 7 000 produits chimiques, dont au moins 70 sont cancérigènes.
La nicotine est une substance qui, aspirée avec la fumée du tabac, passe dans le sang via les alvéoles pulmonaires et se répand dans tout le corps humain. Elle entraîne notamment un risque accru d'accident vasculaire cérébral et une fréquence cardiaque plus élevée qui augmente le risque d'angine de poitrine et d'infarctus du myocarde. Les artères des membres inférieurs sont aussi atteintes, ce qui peut conduire à l'amputation. La nicotine peut avoir des effets durables et dommageables sur le cerveau en développement des enfants et des adolescents.
La nicotine est le facteur d'accoutumance du tabac dont l'effet est indispensable pour les fumeurs : il s'agit donc d'une drogue.
Les gaz toxiques et irritants sont, par exemple, les oxydes d'azote et l'ammoniac. Ils sont à l'origine de l'emphysème (altération des bronchioles pulmonaires) et de la bronchite chronique, due à des sécrétions de mucus excessives et à la paralysie des cils vibratiles qui ne peuvent plus faire leur travail de nettoyage.
Les substances cancérigènes comme l'arsenic, le benzopyrène et les nitrosamines se trouvent surtout dans le goudron et sont responsables de cancers de la langue, des lèvres, des voies respiratoires et des poumons, mais aussi de la vessie, du rein ou du pancréas.
Le monoxyde de carbone, en se fixant de manière irréversible sur l'hémoglobine, provoque une défaillance chronique en dioxygène dans les organes du fumeur, d'où une résistance affaiblie et des prestations sportives moindres.
Le tabac diminue la fertilité, chez la femme comme chez l'homme. Le tabac, par le biais de la nicotine et d'autres produits toxiques libérés dans la fumée, a un effet direct et souvent nocif sur le fonctionnement des systèmes reproducteur et hormonal.
Le tabagisme altère le développement du fœtus et augmente le risque de fausse-couche. Le tabac est la première cause de retard de croissance du futur bébé, d'un risque de mort subite multiplié par 2 et d'une augmentation des troubles de la sphère ORL (asthme, otite, pneumonie).
Notons que les femmes qui prennent un contraceptif oral et qui fument courent un risque accru de souffrir de maladies des artères coronaires.

Fumer des cigarettes « light », à faible teneur en goudron et en nicotine, n'est pas une solution. Le comportement d'un fumeur est pour la plus grande part déterminé par son besoin en nicotine. Le fumeur a tendance à augmenter sa consommation afin de se procurer une dose satisfaisante de nicotine. C'est ce qu'on appelle la « compensation ». De ce fait, les personnes fumant des cigarettes de faible teneur en nicotine n'aspirent pas nécessairement moins de nicotine que les autres fumeurs. Pis, le comportement compensatoire amène le fumeur à aspirer aussi plus d'autres substances nocives que ce qui est indiqué sur l'emballage des cigarettes.

Les cigarettes électroniques ne contiennent pas de tabac, et contiennent ou non de la nicotine. Il est prouvé que les cigarettes électroniques créent une dépendance et sont nocives pour la santé. L'utilisation de vapoteuses augmente le risque de maladies cardio-vasculaires et de troubles pulmonaires. Les cigarettes électroniques sont particulièrement à risque lorsqu'elles sont utilisées par les enfants et les adolescents, créant une dépendance plus rapide que chez l'adulte.

La chicha ou narguilé est une pipe à eau, destinée principalement à fumer du tabac ou de l'essence de fruits. En 2020, au Grand-Duché de Luxembourg, 29 % des fumeurs de 16-24 ans étaient des consommateurs réguliers de narguilé, contre 17 % chez les 25-35 ans. Fumer la chicha apparaît comme moins nocif que consommer des cigarettes. Or les dangers sont les mêmes, pour les fumeurs comme pour ceux qui sont exposés au tabagisme passif. Une séance de chicha de 45 minutes est l'équivalent de 1,5 cigarette si l'on compare la teneur en nicotine, de 20 cigarettes en termes de production de monoxyde de carbone, de 26 cigarettes pour la production de goudron et de 40 cigarettes pour le volume de fumée inhalée.

Document 4 – Le tabagisme passif

Les fumeurs n'aspirent jamais toute la fumée de la cigarette : la plus grande partie se répand, après chaque bouffée, de la pointe de la cigarette dans l'air ambiant. Les personnes qui côtoient le fumeur aspirent donc également des substances nocives. Le tabagisme passif est une cause du cancer du poumon : l'exposition au tabagisme passif augmente le risque du cancer du poumon de 20 % parmi les compagnons de fumeurs et de maladies de la sphère ORL (bronchite, otite, toux…) chez leurs enfants.

Document 5 – Devenir fumeur

Devenir fumeur est un processus compliqué au cours duquel on passe par diverses étapes : expérimenter, fumer occasionnellement, fumer régulièrement.
En 2020, 26 % des Luxembourgeois ont fumé et 17 % allument au moins une cigarette par jour.

Part des fumeurs par tranche d'âge au Luxembourg en 2020

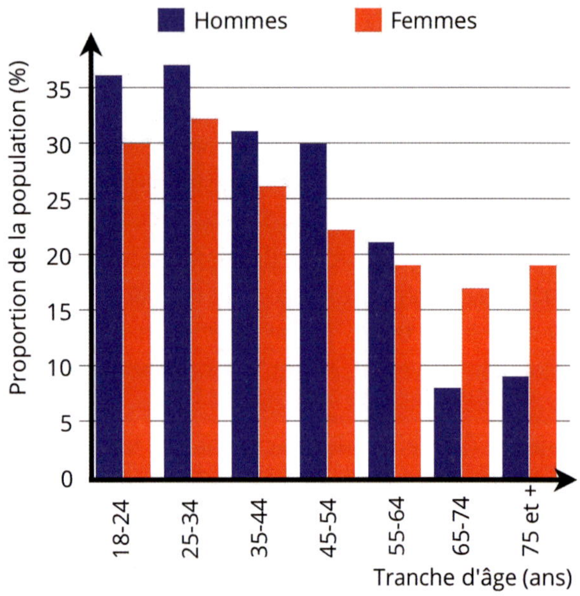

Source : Fondation cancer Luxembourg

Le tableau suivant donne le pourcentage de fumeurs et de fumeurs quotidiens en 2007 et 2016 au Grand-Duché de Luxembourg.

	2007	2016
Fumeurs	25 %	20 %
Fumeurs quotidiens	21 %	15 %

Document 6 – Arrêter de fumer

Tout ce qui précède montre qu'il est souhaitable de ne pas commencer à fumer. Si on est fumeur, il existe diverses méthodes permettant de faciliter l'abandon du tabac : patch, groupes d'entraide, acupuncture…
Le médecin et le pharmacien seront les meilleurs conseillers en la matière.
Arrêter de fumer diminue le risque de cancers, de maladies cardio-vasculaires et de maladies chroniques des voies respiratoires et des poumons. Les ex-fumeurs vivent plus longtemps que les fumeurs et, plus tôt on arrête de fumer, plus on a de chance de vivre longtemps. Les hommes non-fumeurs gagnent globalement 8,8 ans d'espérance de vie par rapport aux fumeurs quotidiens. Les femmes non-fumeuses ont globalement 5,9 ans d'espérance de vie de plus que les fumeuses quotidiennes.
Les femmes qui arrêtent de fumer avant la grossesse ou pendant les 3 ou 4 premiers mois de grossesse diminuent les risques liés à l'accouchement d'un bébé prématuré ou trop petit.
L'ex-fumeur retrouve le goût et l'odorat ainsi que de meilleures performances physiques.

Alors, fumer ou ne pas fumer ?

4 Nous sommes des consommateurs

Comme tous les êtres vivants, l'Homme doit satisfaire un besoin fondamental : se nourrir, c'est-à-dire prendre dans le milieu ambiant divers matériaux et les transformer en sa propre substance vivante ou les utiliser pour se fournir en énergie. Nous sommes des consommateurs ; nous devons donc trouver des matières organiques dans notre environnement.

À LA FIN DE CE CHAPITRE, TU SERAS CAPABLE DE…

SAVOIR

a. Définir et utiliser les mots-clés apparaissant en rouge dans ce chapitre.
b. Citer et caractériser les différents constituants des aliments et donner leurs rôles.
c. Expliquer les transformations mécaniques et chimiques des aliments le long du tube digestif en maîtrisant l'anatomie du système digestif.
d. Citer les nutriments correspondant aux différents constituants des aliments.
e. Montrer l'adaptation de la paroi intestinale à l'absorption des nutriments.
f. Citer et expliquer les rôles des différents nutriments au niveau cellulaire.
g. Décrire la transformation chimique traduisant la respiration cellulaire.
h. Citer les paramètres susceptibles de faire varier les dépenses énergétiques quotidiennes.
i. Donner les règles de base d'une alimentation équilibrée.

SAVOIR FAIRE

a. Analyser une étiquette et y repérer les différents types de constituants.
b. Identifier les constituants d'un aliment à partir d'expériences utilisant des tests spécifiques.
c. Utiliser des tables de composition des aliments.
d. Calculer ses apports énergétiques quotidiens et les comparer à la norme.
e. Déterminer si un repas est globalement équilibré.
f. Comparer des repas et les commenter sur base de la pyramide alimentaire.
g. Expliquer le devenir d'un aliment depuis son ingestion jusqu'à son utilisation par la cellule.
h. Établir des liens entre dysfonctionnements alimentaires et problèmes de santé.
i. Comparer respiration et fermentation du point de vue de la production d'énergie.

4

1 De l’assiette à la cellule

La nutrition comprend plusieurs étapes successives.

La **digestion** est l’ensemble des transformations physiques et chimiques que doivent subir les aliments avant de pénétrer dans l’organisme. Le tube digestif où se réalisent ces transformations est un prolongement du milieu extérieur : il est en effet ouvert aux deux extrémités et les transformations s’y déroulent en réalité à l’extérieur de l’organisme.

L’**absorption** est le passage des substances nutritives dans le sang, au travers de la paroi intestinale. La circulation du sang permet la distribution des substances nutritives à toutes les cellules de l’Homme. Le sang transporte également le dioxygène prélevé dans l’air ambiant par les poumons.
Le sang constitue un véritable milieu aqueux interne dans lequel les cellules puisent leurs substances nutritives et déversent les produits et déchets de leurs activités.

Enfin, au niveau de la cellule, le **métabolisme** assure la transformation des matériaux, ainsi que l’approvisionnement en énergie.

2 Que mange-t-on ?

Les **aliments** sont constitués de substances, d'origine animale, végétale ou minérale, consommées par des êtres vivants à des fins énergétiques ou d'approvisionnement en matériaux. Les substances liquides utilisées dans le même but sont appelées boissons, mais le terme de nourriture peut également s'y appliquer quand il s'agit de potages, de sauces…
Malgré leur diversité apparente, la plupart des aliments comprennent les mêmes constituants, en proportions variables.

L'Homme, comme tous les organismes qui doivent s'alimenter de matières organiques pour construire leur propre matière et en extraire l'énergie, est un **hétérotrophe** (du grec *heteros*: autre et *trophê*: nourriture).

Les substances minérales

L'**eau** n'est pas un aliment à proprement parler, mais elle nous est indispensable et représente 80 % de la masse de notre alimentation.
Quotidiennement, nous en absorbons 1 à 1,5 L sous forme de boissons et 0,6 à 0,9 L sous forme cachée dans les aliments.

Les **éléments minéraux** se trouvent surtout à l'état dissous dans l'eau des aliments et dans l'eau de boisson. Ils contiennent du calcium, potassium, magnésium, sodium, chlore, phosphore, mais aussi du fer, cuivre, manganèse, fluor, iode, zinc.

Les principales substances organiques

Ce sont les glucides, lipides et protides.
Les **glucides**, aussi appelés sucres ou hydrates de carbone, sont classés en trois catégories, les monosaccharides, les disaccharides et les polysaccharides. Les monosaccharides comme le glucose sont les unités de base de tous les glucides, les disaccharides sont faits de l'assemblage de deux monosaccharides et les polysaccharides sont des macromolécules constituées de très nombreux monosaccharides.
Les **lipides**, aussi appelés matières grasses (huiles et graisses alimentaires), sont principalement des triglycérides formés par l'association du glycérol et de trois acides gras.
Les **protides** regroupent les acides aminés, les polypeptides et les **protéines**. Les acides aminés sont les unités de base des polypeptides. Les polypeptides sont appelés protéines lorsqu'ils acquièrent une structure qui leur confère une fonction particulière.

Ces trois repas comprennent une source de protéines (poulet et agneau, steak, porc), de lipides (agneau et huile d'olive, steak, sauce tartare et huile de friture, porc et huile de cuisson), et de glucides (riz, frites, semoule mais aussi légumes et sucre du jus de fruit et du thé). Ils apportent aussi de l'eau, des vitamines et des sels minéraux.

4 Les autres constituants organiques

Les **fibres alimentaires** sont le plus souvent des polysaccharides, comme la cellulose, qui entrent dans la constitution de la paroi des cellules végétales.

Les **vitamines** sont des substances organiques sans valeur énergétique, nécessaires en petite quantité pour le bon fonctionnement de notre organisme.

Les **additifs alimentaires** sont des ingrédients ajoutés intentionnellement aux denrées alimentaires dans le but d'en faciliter la fabrication, la transformation, la préparation, le traitement, le conditionnement, le transport et l'entreposage ou d'en améliorer l'apparence, le goût, la conservation... Ils deviennent dès lors un composant de ces denrées alimentaires. Ils peuvent ou non posséder une valeur nutritive. Il ne s'agit pas nécessairement de produits de synthèse. Certains additifs sont en effet des produits naturels. C'est le cas du carotène, présent dans de nombreuses plantes ; ce colorant est utilisé dans divers aliments comme les margarines. Certains produits de synthèse ne font que reproduire des molécules naturelles : l'acide ascorbique n'est autre que la vitamine C. L'innocuité de certains additifs est discutable.

L'Union Européenne a répertorié les divers additifs par des codes Exxx.

- Les colorants colorent les denrées alimentaires.
- Les conservateurs prolongent la durée de conservation des aliments en luttant contre l'action des microbes.
- Les antioxydants empêchent l'action destructrice de l'oxygène.
- Les émulsifiants permettent de mélanger la graisse et l'eau pour constituer un ensemble d'apparence homogène.
- Les stabilisants conservent le produit dans l'état de fabrication.
- Les épaississants épaississent la denrée, freinent l'évaporation de l'eau et préviennent la formation de cristaux de glace.
- Les substances gustatives donnent un certain goût à l'aliment (les édulcorants donnent un goût sucré, les exhausteurs de goût, un goût de viande ou de volaille).
- Les antibiotiques s'opposent à la prolifération bactérienne.

Des produits qui semblent simples comportent parfois un grand nombre d'additifs.
E296 : acide malique, conservateur, produit naturel ou de synthèse
E334 : acide tartrique, antioxydant, produit de synthèse
E104 : colorant jaune, produit de synthèse
E110 : colorant orange, produit de synthèse
E122 : colorant rouge, produit de synthèse interdit dans plusieurs pays
E133 : colorant bleu, produit de synthèse

Tests mettant en évidence les constituants des aliments

Substance	Test	Résultat	
EAU	Dépôt de sulfate de cuivre (II) anhydre	Le sulfate de cuivre (II) anhydre blanc devient bleu en présence d'eau.	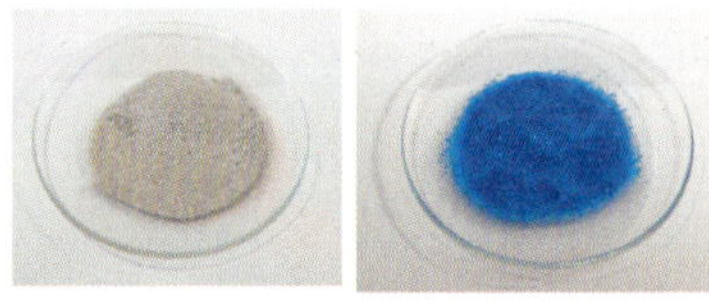
GLUCIDES	Glucose, lactose, maltose : liqueur de Fehling	En présence de ces glucides, la liqueur de Fehling bleue vire à l'orange après chauffage. Un précipité rouge brique se dépose dans le tube après quelques minutes.	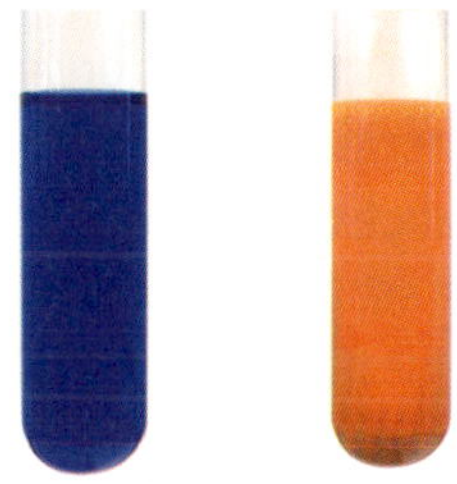
	Amidon : réactif de Lugol	Le lugol jaune vire au bleu sombre en présence d'amidon.	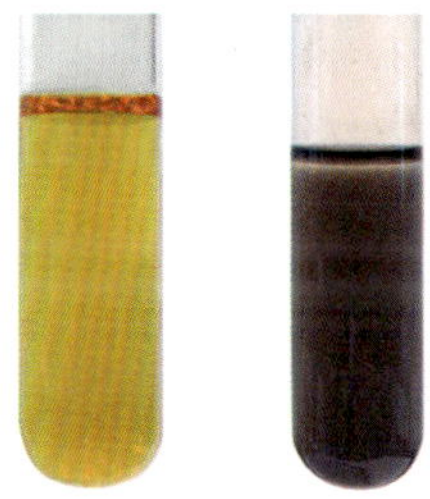
LIPIDES	Frottement sur un papier	Une tache translucide apparaît et persiste après chauffage.	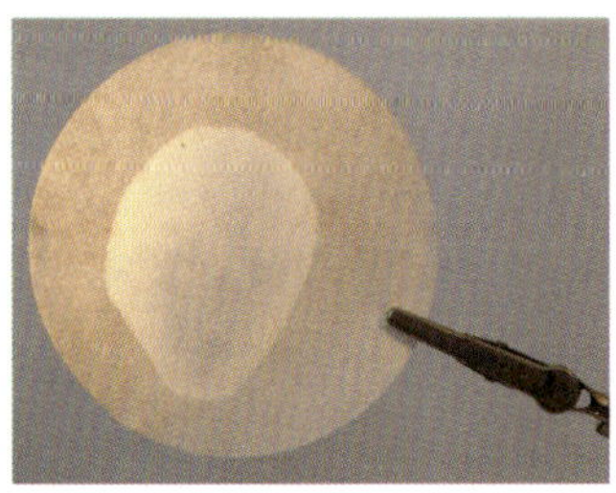
PROTIDES	Protéines : réaction du biuret	La solution bleu clair vire au violet en présence de protéines.	

3 On est ce qu'on mange

Comme tous les organismes que nous mangeons, l'Homme est constitué majoritairement d'eau, de glucides, lipides et protides et de divers éléments minéraux.

Les aliments peuvent servir de source d'énergie (**rôle énergétique**), de matériaux de construction ou de réparation (**rôle plastique**), d'activateurs des réactions biochimiques (**rôle fonctionnel**) ou, enfin, peuvent protéger les organes et cellules (rôle protecteur).

Toutes les substances organiques que l'on trouve dans les aliments représentent une forme d'**énergie** en réserve : c'est l'énergie potentielle des aliments. Cette énergie est accumulée dans les liaisons qui unissent les atomes au sein des différentes molécules.
On peut évaluer l'énergie potentielle d'un composé en mesurant la quantité de chaleur produite par la combustion en laboratoire d'une certaine quantité de ce composé.

Cette quantité d'énergie s'exprime en **kilojoule** (**kJ**).

1 kJ c'est l'énergie qu'un élève de 40 kg dépense pour monter d'un étage à l'autre ; 1 kJ c'est aussi l'énergie qui permet d'augmenter de 1 °C la température de 250 ml d'eau.
Une ancienne unité d'énergie encore utilisée aujourd'hui est la kcal qui vaut 4,19 kJ.
Ainsi on estime que :

- 1 g de glucides fournit 17 kJ,
- 1 g de protides fournit 17 kJ,
- 1 g de lipides fournit 38 kJ.

Même si tous les aliments que nous absorbons ne sont pas utilisés comme source d'énergie, on quantifie généralement les besoins alimentaires en besoins énergétiques.

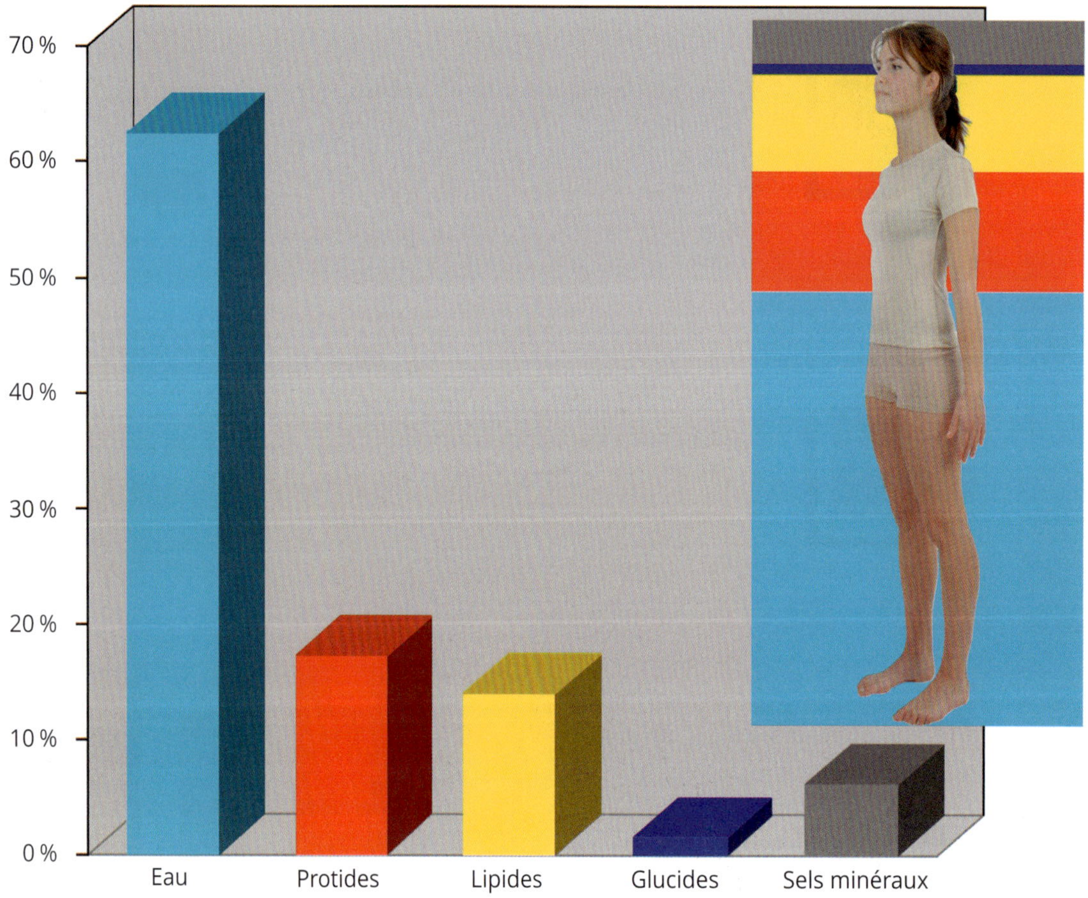

La composition moyenne en masse d'un être humain est de 61,6 % d'eau, 17,0 % de protides, 13,8 % de lipides, 1,5 % de glucides et 6,1 % de sels minéraux.

3.1 Les glucides

Les rôles

- **énergétiques :** Les **glucides** représentent une source d'énergie rapidement utilisable.
- **plastiques :** En collaboration avec les protéines ou les lipides, les glucides interviennent dans la constitution des membranes des cellules.

Les besoins

- **quantitatifs :** Un homme de 70 kg a besoin chaque jour de 280 à 490 g de glucides. Un simple calcul permet de trouver les besoins par kg de masse corporelle (280/70 = 4 ; 490/70 = 7) soit 4 à 7 g de glucides par kg de masse corporelle et par jour autrement dit 4 à 7 g/(kg.jour) ce qui représente 55 % de l'apport énergétique total, dont 10 % de glucides simples (monosaccharides et disaccharides) et 45 % de glucides complexes (polysaccharides).
- **qualitatifs :** Aucun glucide n'est indispensable, mais l'alimentation devrait comporter des « sucres rapides » (glucides simples) et des « sucres lents » (glucides complexes).

Mise en réserve

Les glucides qui ne sont pas directement utilisés sont stockés sous forme de glycogène dans le foie et les muscles ou transformés en lipides dans les tissus adipeux.

3.2 Les lipides

Malgré leur mauvaise réputation, les **lipides** sont essentiels à une bonne santé.

Les rôles

- **énergétiques :** Ils assurent un apport énergétique important, mais qui nécessite un délai de mise en œuvre.
- **plastiques :** Ils sont les principaux constituants des membranes cellulaires ; ils entrent dans la composition de certains organes comme la peau, et du tissu nerveux.
- **fonctionnels et protecteurs :** Ils forment un revêtement isolant mis en réserve dans du tissu adipeux et sont à la base de nombreuses hormones ; ils servent à transporter les vitamines liposolubles.

Les besoins

- **quantitatifs :** L'apport en lipides ne devrait pas dépasser 30 % des apports énergétiques totaux.
- **qualitatifs :** L'alimentation doit apporter les acides gras essentiels, c'est-à-dire ceux que l'organisme ne peut synthétiser.

3.3 Les protides

Les rôles

- **énergétiques :** Les **protides** ne sont utilisés comme source d'énergie que si les apports en lipides et en glucides sont insuffisants.
- **plastiques :** Ils interviennent dans la constitution des membranes et du contenu cellulaires, dans la construction et la réparation des tissus ; ils sont un constituant du squelette et soutiennent les tissus.
- **fonctionnels et protecteurs :** Les protéines-**enzymes** permettent aux réactions biochimiques de se dérouler dans des conditions compatibles avec la vie.
  Les protéines-**hormones** jouent un rôle de messager et interviennent ainsi dans la régulation de l'organisme.
  Des protéines stockent et transportent diverses substances comme le fait l'hémoglobine pour le dioxygène.
  D'autres, comme les anticorps, défendent l'organisme en reconnaissant les agresseurs extérieurs.
  Certaines protéines permettent les contractions musculaires.

Les besoins

- **quantitatifs :** Les apports en protides représentent 15 % des apports énergétiques totaux. Les besoins d'un adulte sont de 1 g/(kg.jour), mais les individus en croissance ont besoin de 2 g/(kg.jour) puisqu'ils sont en période d'édification cellulaire. Les besoins des femmes enceintes ou allaitantes sont également plus élevés.
- **qualitatifs :** L'alimentation doit apporter des protéines contenant des acides aminés essentiels, c'est-à-dire ceux que l'organisme ne peut synthétiser.

Mise en réserve

L'organisme est incapable de stocker de grandes quantités de protéines non directement utilisées. Les excédents sont dégradés et éliminés sous forme d'urée, principalement dans l'urine.

3.4 L'eau

Les rôles

- **plastiques :** L'**eau** constitue environ 2/3 de la masse corporelle d'un humain adulte, un peu plus chez l'enfant, un peu moins chez les personnes âgées. Elle intervient dans la constitution des cellules, du sang et des autres liquides organiques ; elle remplit les espaces intercellulaires.
- **fonctionnels et protecteurs :** L'eau transporte des nutriments et des déchets ; elle intervient dans de nombreuses réactions biochimiques ; elle dissout les substances minérales ou organiques ; grâce à sa grande capacité thermique et via la transpiration, elle régule dans une certaine mesure la température corporelle ; elle protège, contre les chocs mécaniques, des organes comme le cerveau ou encore l'embryon.

Les besoins

Ils varient en fonction de l'activité et des conditions climatiques. Le tiers des apports d'eau nécessaires se trouve dans les aliments sous forme cachée et doit être complété par 1 à 1,5 L de boissons.

3.5 Les éléments minéraux

Les rôles

Éléments	Rôles
Calcium	Assure la croissance et la solidité du squelette, contribue aux mouvements musculaires.
Potassium	Intervient dans le fonctionnement des nerfs et des muscles.
Magnésium	Assure un bon équilibre nerveux et musculaire.
Sodium	Intervient dans le fonctionnement des nerfs et des muscles.
Chlore	Contrôle l'équilibre en eau.
Phosphore	Constitue l'os, avec le calcium et le magnésium ; favorise le bon fonctionnement des cellules nerveuses.
Soufre	Est un constituant essentiel de certains acides aminés.
Principaux oligo-éléments	**Rôles**
Fer	Est un constituant essentiel des globules rouges ; permet la fixation du dioxygène.
Cuivre	Intervient dans la fabrication des globules rouges.
Manganèse	Contribue à la bonne santé de la peau.
Fluor	Prévient les caries et la fragilité osseuse.
Iode	Intervient dans la croissance de l'organisme et le développement du tissu nerveux.
Zinc	A un rôle dans la synthèse des protéines.

Les besoins

Ils dépendent de l'âge, du sexe, de l'état physiologique, de l'activité de l'individu ainsi que du climat. Les quantités nécessaires dépendent aussi de la nature de la substance minérale (de 1 g/jour pour le calcium à 0,015 g/jour pour le zinc). Sept éléments minéraux doivent être consommés en quantités assez importantes : il s'agit du calcium, du phosphore, du potassium, du soufre, du sodium, du chlore et du magnésium. Une douzaine d'autres, appelés oligo-éléments, sont nécessaires en quantités infimes.

3.6 Les fibres

Les rôles

Les **fibres** assurent le nettoyage régulier du tube digestif et améliorent ainsi le transit intestinal, c'est-à-dire la progression du contenu du tube digestif. Elles assurent la sensation de satiété et fixent le cholestérol, réduisant son absorption intestinale.

Les besoins

Ils sont satisfaits par une alimentation comprenant des produits végétaux peu raffinés et des fruits.

3.7 Les vitamines

Les **vitamines** sont des substances organiques indispensables à la croissance et au fonctionnement des organismes et qui agissent à de très faibles concentrations. L'organisme humain est incapable d'élaborer la plupart d'entre elles et doit donc les trouver dans son alimentation.

Les rôles

Leurs actions sont très diverses. La majorité des vitamines collaborent avec les enzymes en favorisant leur activité ; d'autres interviennent comme matière première pour la fabrication de composés chimiques.

Les besoins

Des doses infimes suffisent (entre 0,01 et 100 mg par jour selon la vitamine). Comme aucun aliment ne contient toutes les vitamines, une alimentation diversifiée permet d'assurer les apports nécessaires.

Vitamines		Rôles
Liposolubles	A	Favorise la croissance, un bon état de la peau et des muqueuses et une résistance aux maladies.
	D	Favorise la fixation du calcium et, donc, le développement du squelette.
	E	Maintient en bon état les tissus musculaires et nerveux et le système reproducteur. Exerce une action antioxydante.
	K	Est indispensable à la coagulation sanguine.
Hydrosolubles	B1	Assure le bon fonctionnement du système nerveux, maintient en bon état les tissus, favorise l'assimilation des glucides et la croissance.
	B2	Maintient les organes en bon état et favorise l'assimilation.
	B5	Assure un bon état de la peau, des muqueuses et des cheveux.
	B6	Contribue à la construction des tissus à partir des nutriments.
	B8	Assure le bon fonctionnement des réactions biochimiques des cellules. Maintient la peau et les cheveux en bon état.
	B9	Participe à la fabrication des globules rouges, en particulier chez le fœtus.
	B12	Est essentielle à la formation des globules rouges.
	C	Stimule les défenses naturelles de l'organisme, accélère la cicatrisation.
	PP	Assure le bon fonctionnement cellulaire en particulier au niveau énergétique et sur le plan de la croissance.

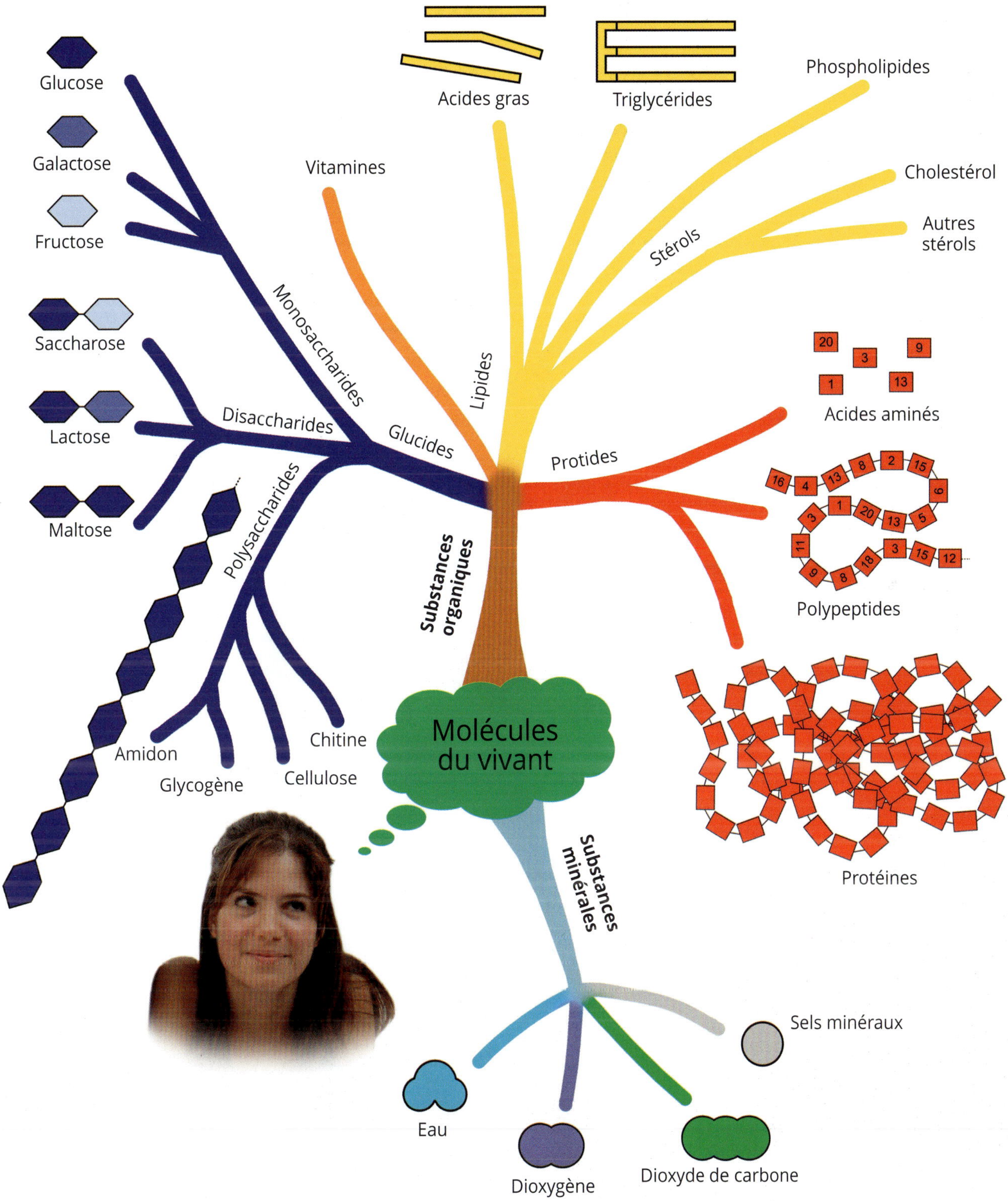

Molécules du vivant
Substances organiques
Substances minérales
Glucides
Monosaccharides
Glucose
Galactose
Fructose
Disaccharides
Saccharose
Lactose
Maltose
Polysaccharides
Amidon
Glycogène
Cellulose
Chitine
Vitamines
Lipides
Acides gras
Triglycérides
Phospholipides
Stérols
Cholestérol
Autres stérols
Protides
Acides aminés
Polypeptides
Protéines
Eau
Dioxygène
Dioxyde de carbone
Sels minéraux

4

4 Le grand voyage des aliments

La **digestion** est un processus physiologique de transformation des aliments jusqu'au stade de petites molécules, les **nutriments**, capables de traverser la paroi intestinale et assimilables par les cellules. L'eau, les sels minéraux, les monosaccharides, les acides aminés et les acides gras transitent dans le tube digestif sans y subir de transformation alors que les macromolécules organiques y sont scindées en molécules de petite taille.

La digestion est réalisée par l'**appareil digestif**. Il comprend le tube digestif, succession de cavités communiquant entre elles, qui s'étend de la bouche à l'anus, et des glandes qui y déversent leurs sécrétions (**sucs digestifs**, bile). Certaines glandes sont intégrées dans les parois du tube digestif, d'autres sont des glandes annexes. La digestion comporte à la fois des processus mécaniques et chimiques.
Les processus mécaniques permettent la réduction des aliments en petites particules, leur brassage avec les sucs digestifs, ainsi que leur progression le long du tube digestif.
Les processus chimiques assurent la transformation des grosses molécules organiques. Ces différentes réactions sont menées à bien par des enzymes spécifiques contenues dans les différents sucs digestifs.

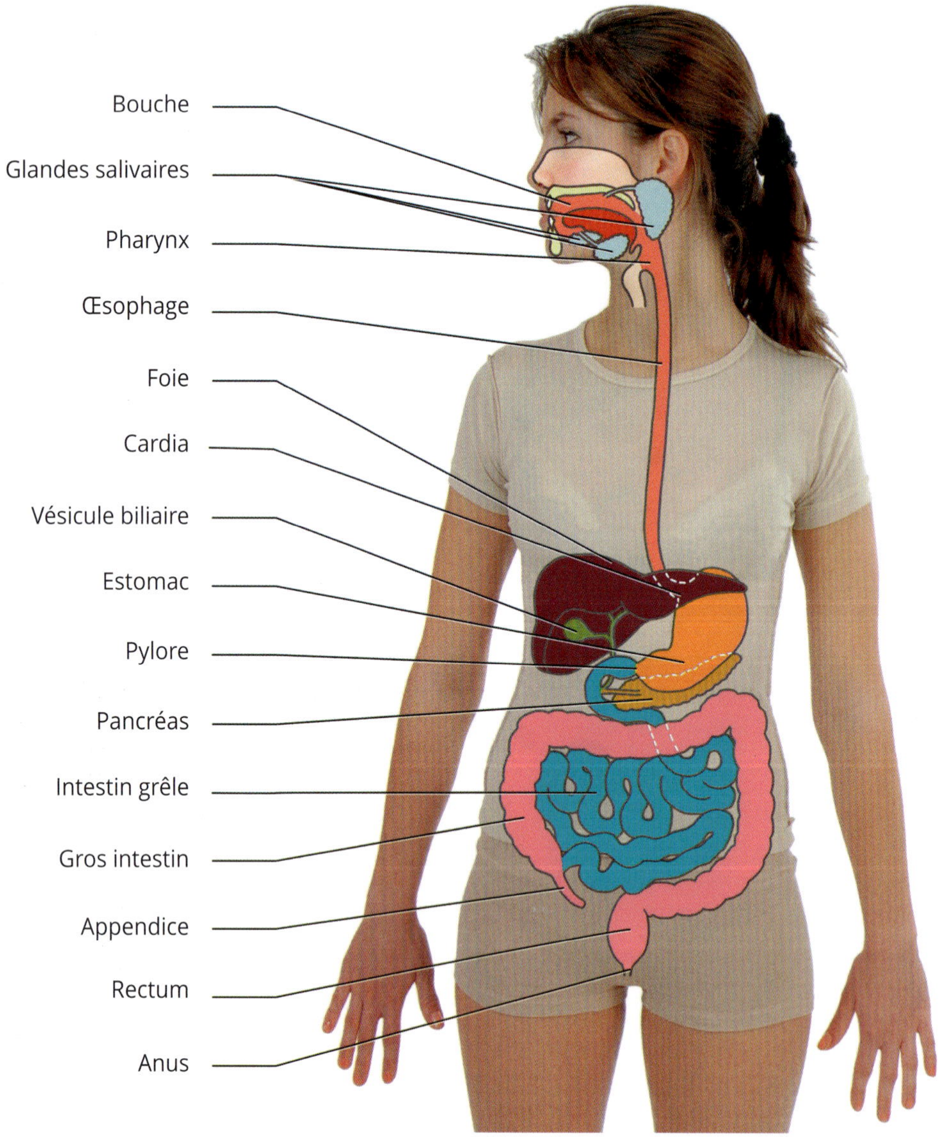

4.1 La bouche

Dans la **bouche**, les aliments sont triturés par les dents, brassés et imprégnés de salive.
La **salive**, produite par les différentes glandes salivaires, assure le maintien de l'humidité buccale et la dilution des aliments. Elle contient de l'**amylase**, enzyme qui découpe l'amidon (1) en glucides plus petits (2).

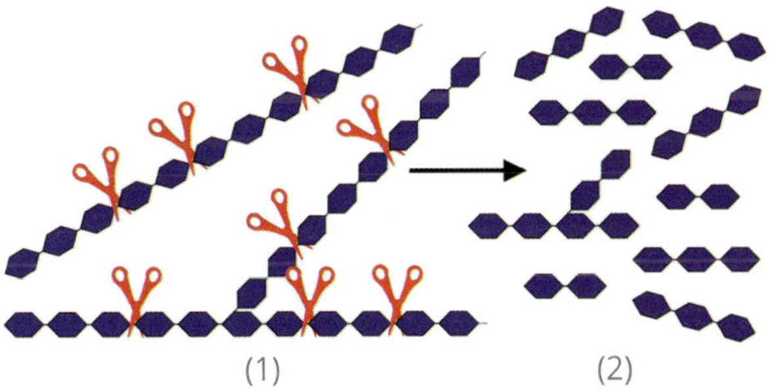

Les enzymes de la digestion sont symbolisées par des paires de ciseaux.

La salive est produite à raison d'environ 1,5 L par jour. La masse d'aliments rassemblée par la langue, le **bol alimentaire**, est déglutie au niveau du pharynx.

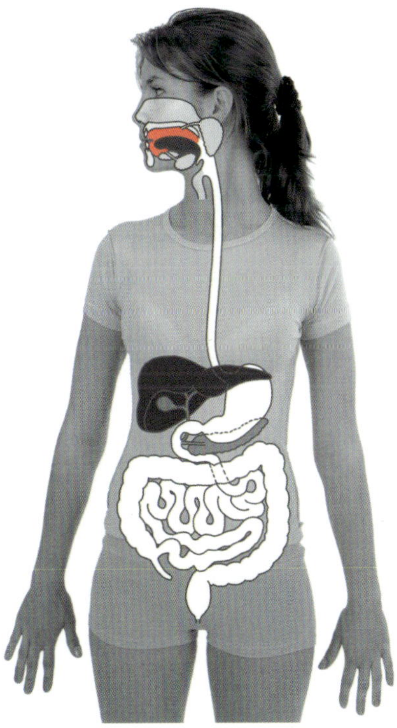

4.2 L'œsophage

Le bol alimentaire parcourt les 25 cm de l'**œsophage** et pénètre dans l'estomac.
Une onde de contraction musculaire fait avancer le bol alimentaire par petits sauts, un processus nommé **péristaltisme**.

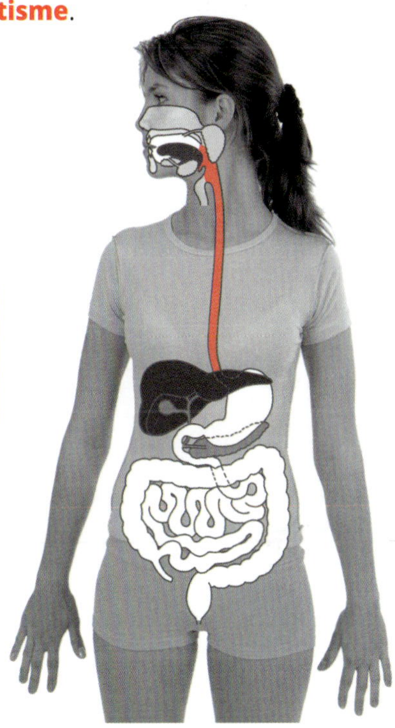

Le péristaltisme œsophagien et la progression du bol alimentaire

4.3 L'estomac

C'est par le cardia que le bol alimentaire pénètre dans l'**estomac**. Le tissu musculaire de l'estomac assure le brassage et le malaxage du bol alimentaire qui s'imprègne du suc gastrique.

Le tissu glandulaire fabrique le **suc gastrique**, un liquide incolore (3 L par jour). Il contient du chlorure d'hydrogène, du mucus, de la pepsine et de la présure. La pepsine activée par le chlorure d'hydrogène est une enzyme qui découpe les protéines (1) en molécules plus petites, des polypeptides (2) ; la présure coagule le lait.

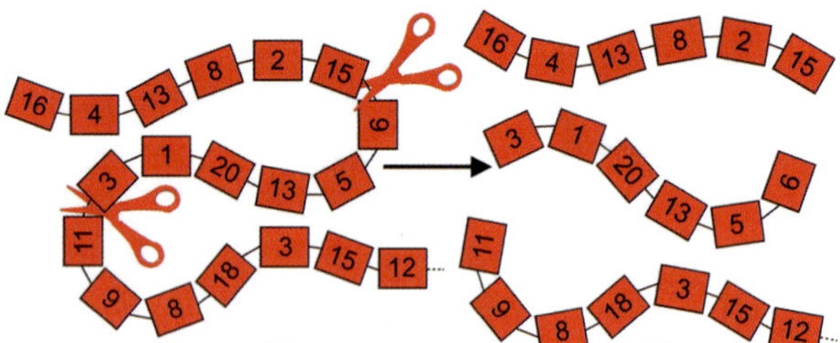

(1) (2)

La surface de l'estomac est protégée de l'action de la pepsine et du chlorure d'hydrogène par une couche de mucus.

Le bol alimentaire ainsi transformé est devenu fluide, on l'appelle le **chyme**.

Le pylore se relâche pour le laisser s'écouler, par jets successifs et espacés, dans l'intestin. Normalement, l'estomac se vide en 2 à 6 heures suivant le type d'aliment consommé.

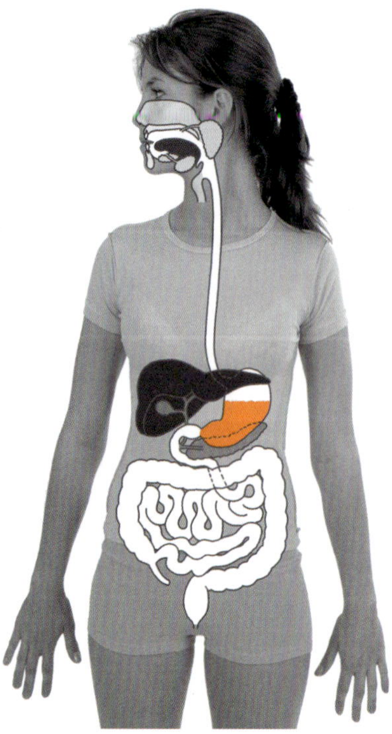

4.4 L'intestin grêle

L'**intestin grêle** est un tube de 2 m de longueur chez une personne vivante, 6 à 7 m dans un cadavre suite au relâchement musculaire. Le duodénum, au début de l'intestin grêle, est la partie la plus importante pour la digestion : il reçoit la bile et le suc pancréatique et il produit le suc intestinal.

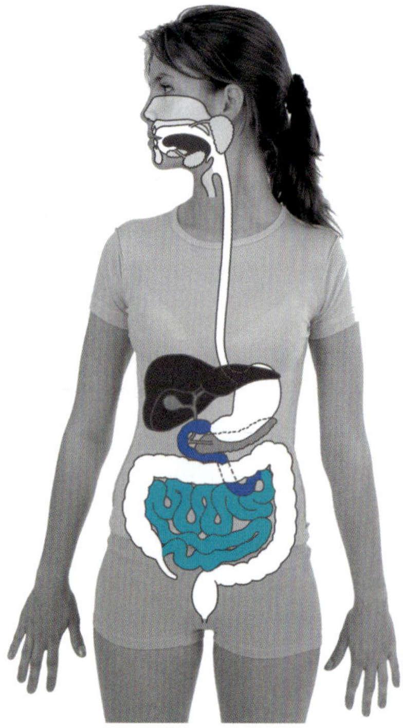

La bile

Fabriquée par le foie et stockée dans la vésicule biliaire, la **bile** est un liquide verdâtre qui ne contient aucune enzyme mais a un rôle important dans la digestion des lipides. Elle les **émulsifie** en les transformant en fines gouttelettes de triglycérides qui se dispersent dans l'eau et les rend ainsi accessibles aux lipases.

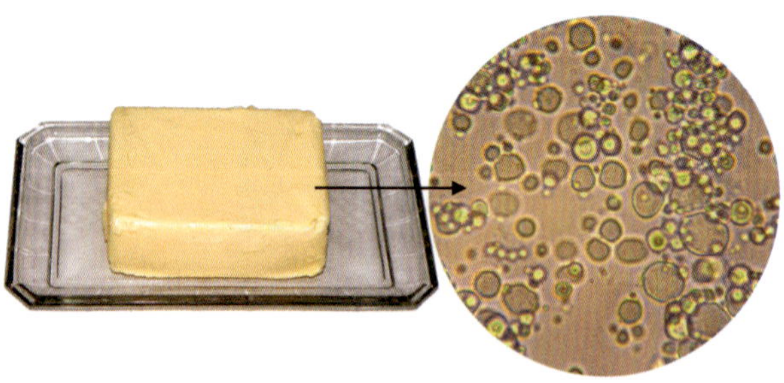

G. : 400 ×

Les lipides contenus dans le beurre sont émulsifiés en gouttelettes visibles au microscope.

Le suc pancréatique

Le **suc pancréatique** est un liquide incolore dont le débit journalier varie de 1,5 à 2,5 L. C'est la plus importante des sécrétions digestives, car elle possède des enzymes capables de dégrader les protéines, les lipides et les glucides. Des **protéases** (dont la trypsine et la chymotrypsine) scindent les protéines (1) en polypeptides (2).

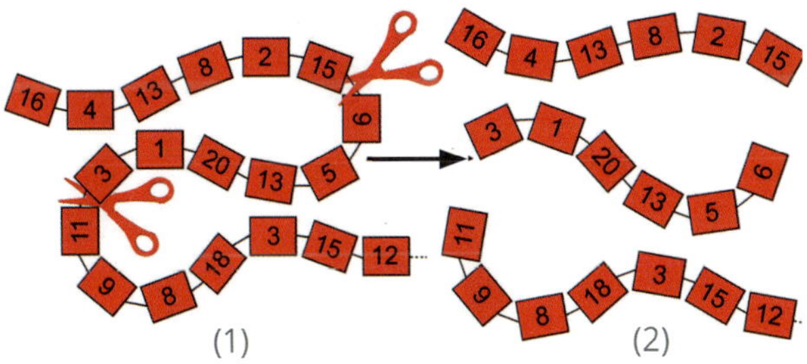

Des **peptidases** découpent les polypeptides (2) en tripeptides et dipeptides (3) et en acides aminés (4).

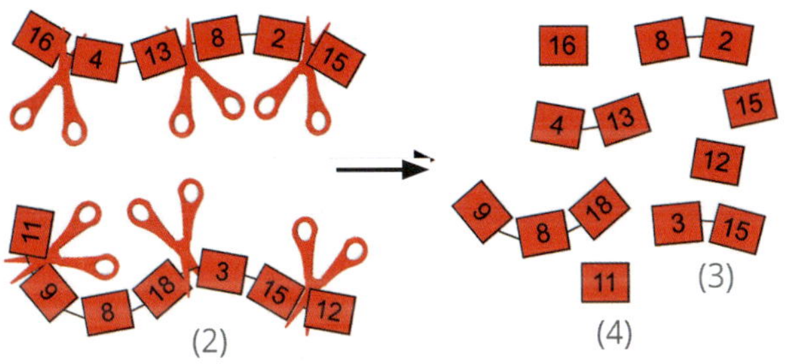

La **lipase** scinde les triglycérides (1) en diglycérides (2), monoglycérides (3) et acides gras (4).

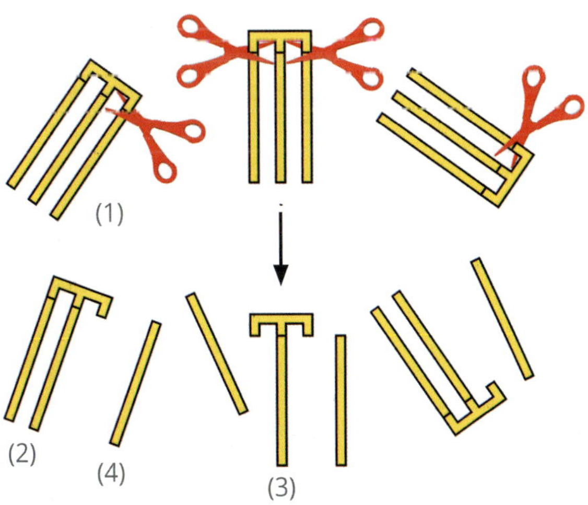

Et l'**amylase** poursuit la digestion de l'amidon (1) en maltose (2).

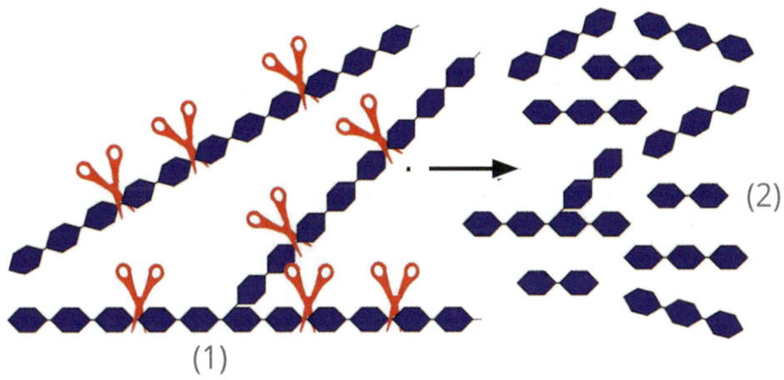

Le suc intestinal

Le **suc intestinal** est sécrété par la muqueuse intestinale. Il contient des enzymes qui achèvent la simplification moléculaire.

Des **sucrases** scindent les disaccharides (2) en monosaccharides (3) : la maltase (maltose → 2 glucoses), la lactase (lactose → glucose + galactose), la saccharase (saccharose → glucose + fructose).

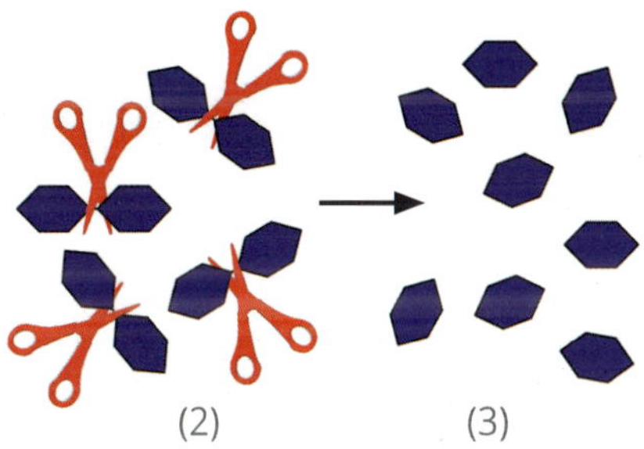

Des **peptidases** découpent les tripeptides et dipeptides (3) en acides aminés (4).

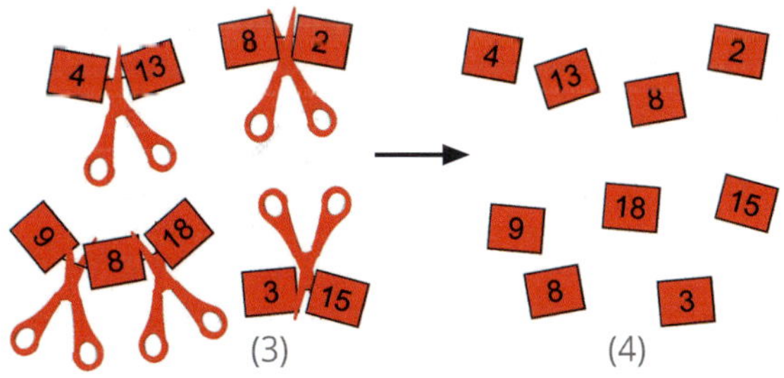

En outre, des contractions permettent de petits mouvements de va-et-vient et de segmentation du chyme, le mélangeant ainsi aux sucs digestifs. Le **péristaltisme** intestinal fait progresser le chyme le long de l'intestin.

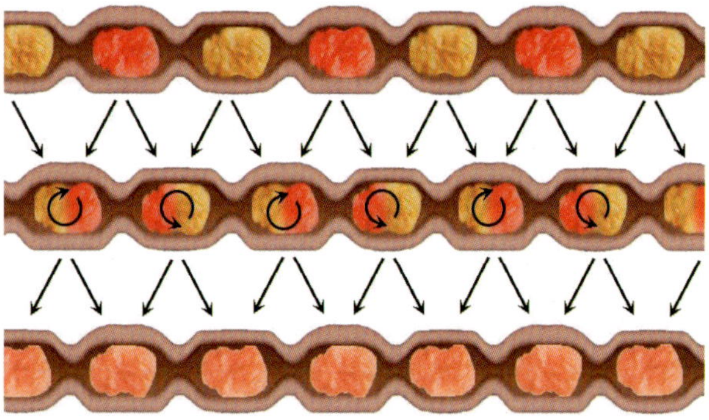

La segmentation

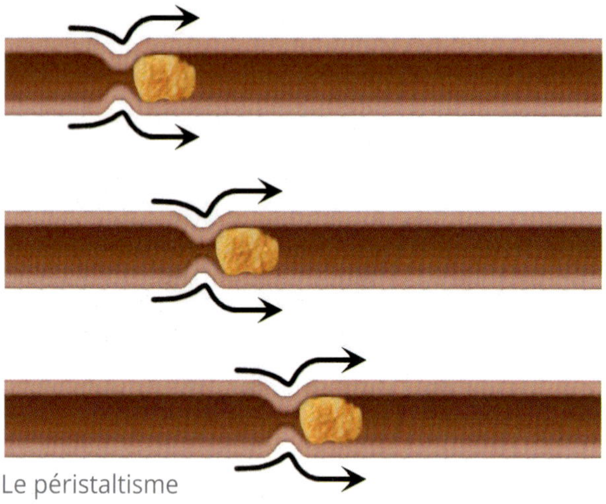

Le péristaltisme

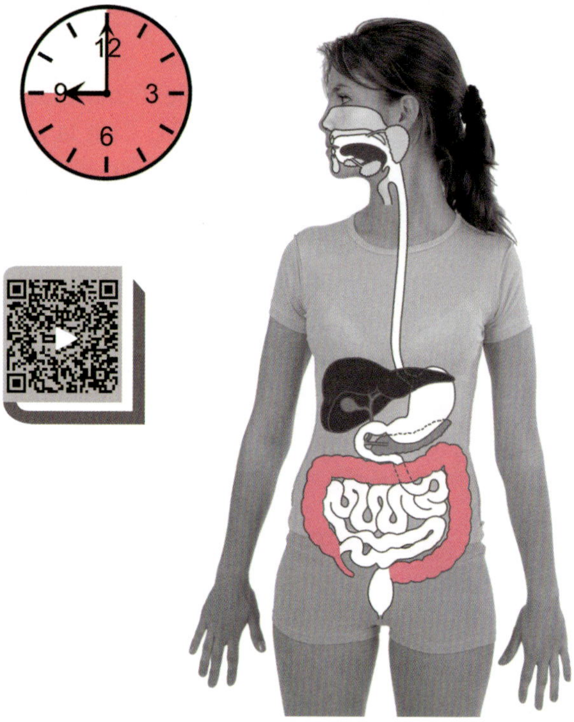

L'intestin grêle est le siège principal de l'absorption des produits de la digestion, c'est-à-dire des nutriments.

4.5 Le gros intestin

Le **gros intestin** ou **côlon** constitue la partie terminale du tube digestif. Il reçoit les résidus alimentaires non digérés et non absorbés. L'ensemble des microorganismes qui sont dans l'intestin, la flore intestinale, participe à la fermentation de composés organiques non absorbés par l'intestin grêle. C'est l'origine de la production de gaz. Une partie des petites molécules ainsi obtenues et une grande quantité d'eau sont absorbées par la paroi du côlon. Les matériaux non digérés sont éliminés sous forme de **fèces**.

Les fèces sont conservées dans le rectum avant d'être évacuées par l'anus. La défécation correspond au relâchement des sphincters de l'anus et à une contraction de la paroi intestinale.

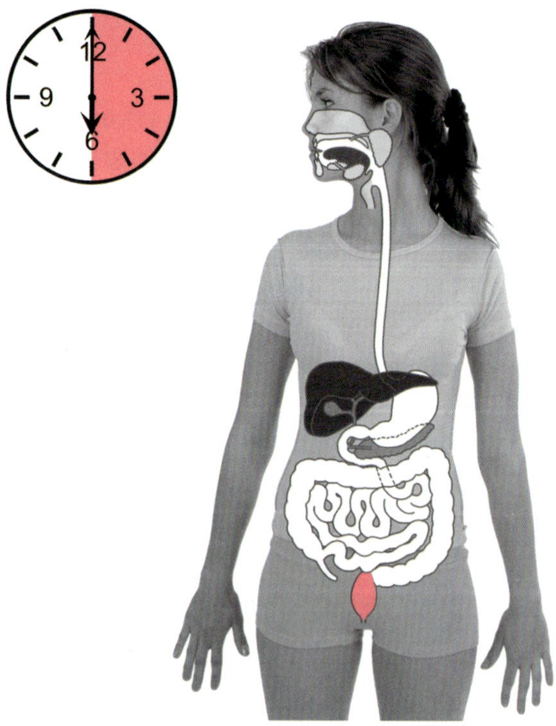

8

9

5 Le dernier voyage des nutriments

5.1 Le sas d'entrée : l'absorption des nutriments

L'**absorption** des nutriments se fait essentiellement au niveau de l'intestin grêle. L'organisation anatomique de la paroi intestinale est parfaitement adaptée à sa fonction. La paroi de l'intestin, richement vascularisée, forme de nombreux replis circulaires, eux-mêmes constitués de **villosités**. Chaque villosité est bordée d'une seule couche de cellules absorbantes. Cette organisation anatomique permet aux capillaires sanguins et lymphatiques (chylifères) d'être très près des cellules absorbantes de la paroi intestinale et, par conséquent, d'absorber rapidement les nutriments pour les transporter vers toutes les cellules de l'organisme.

En tenant compte des microvillosités des cellules intestinales, on atteint une surface d'absorption équivalente à l'aire d'un terrain de tennis (200 m^2). L'absorption est aussi favorisée par la longueur de l'intestin grêle.

L'eau, les sels minéraux, les monosaccharides, les acides aminés et certains acides gras passent directement dans le sang. La majorité des acides gras et les monoglycérides absorbés par les cellules intestinales y sont retransformés en triglycérides avant de se retrouver dans les vaisseaux lymphatiques.

L'eau est absorbée tout au long du tube digestif. Au niveau de la bouche, l'eau absorbée entraîne par la même occasion de petites molécules comme certains poisons (cyanure) ou médicaments : en posant des pilules de nitroglycérine sous leur langue, les personnes souffrant de malaises cardiaques permettent à ce médicament absorbable par la muqueuse buccale de passer rapidement dans leur sang. Certains monosaccharides sont rapidement et directement absorbés par la muqueuse buccale : les sportifs mangent des bonbons énergétiques avant une compétition.

Au niveau de l'estomac, une partie de l'eau, un peu d'alcool et certains médicaments (comme l'acide acétylsalicylique, le principe actif de l'aspirine) peuvent se retrouver dans la circulation sanguine. Mais c'est dans le côlon que la majeure partie de l'eau est absorbée, avec les sels minéraux et les vitamines.

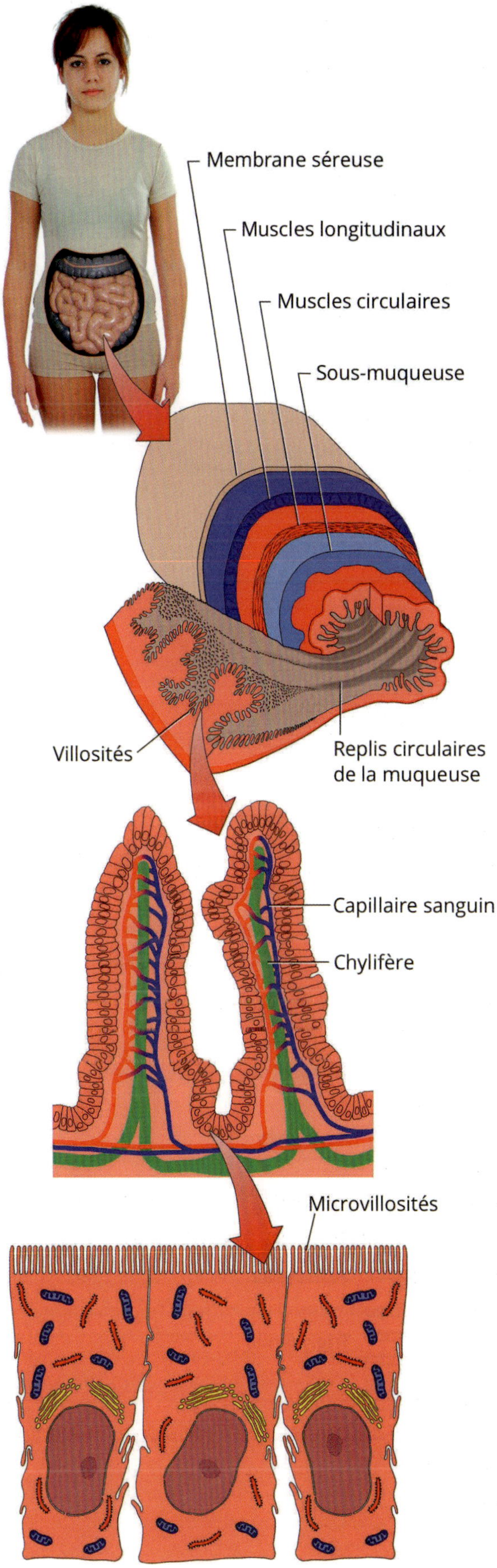

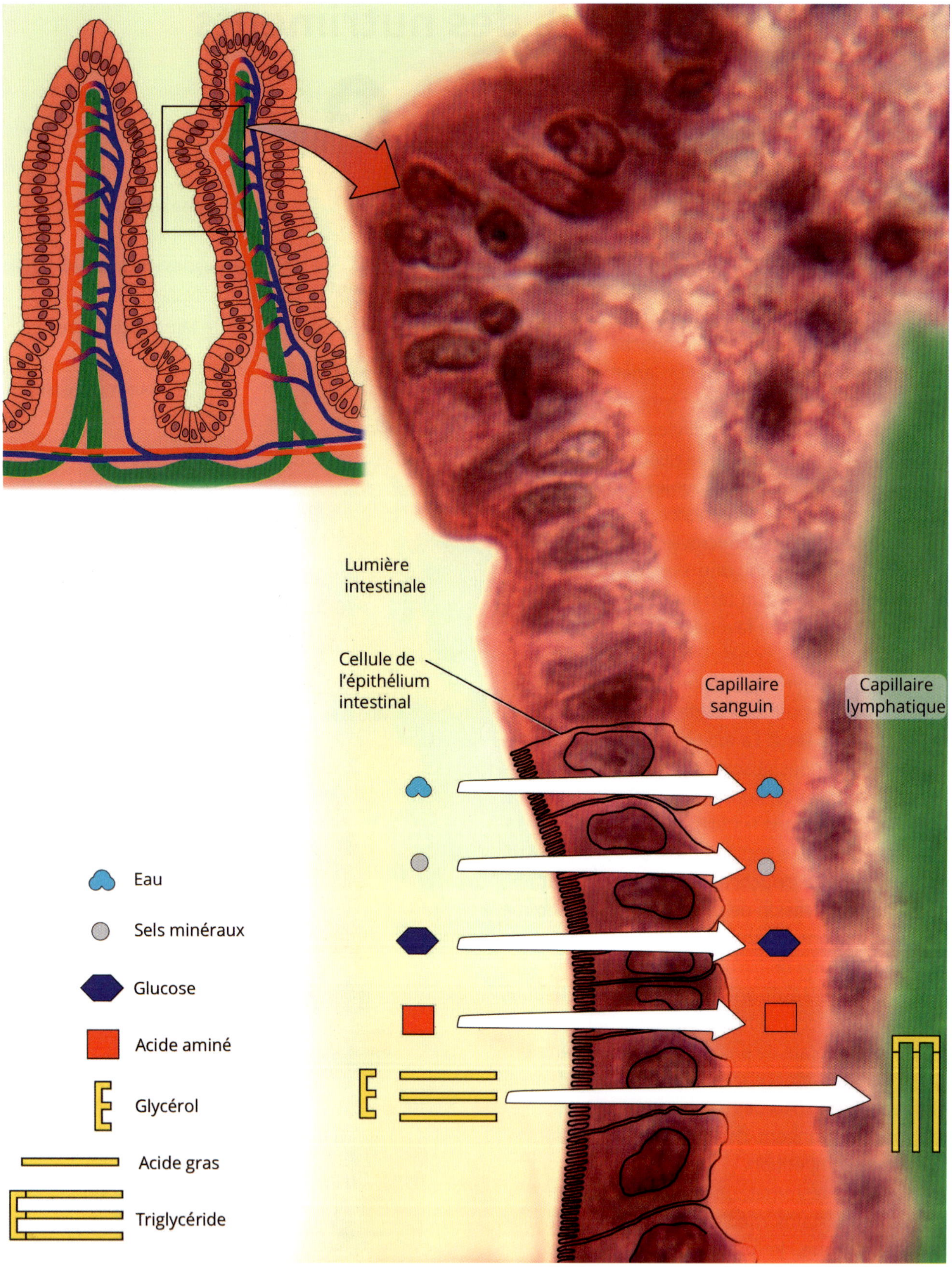

L'absorption des nutriments se fait essentiellement au niveau de l'intestin grêle.

5.2 La voie navigable : transport et distribution des nutriments

La lymphe transporte les lipides absorbés au niveau des villosités intestinales et rejoint la circulation sanguine au niveau de la veine cave supérieure, peu avant le coeur.
Le sang qui s'est chargé de nutriments au niveau des villosités intestinales est conduit vers le foie par la veine porte. Le foie prélève du glucose et le stocke sous forme de glycogène qu'il redistribuera au fur et à mesure des besoins de l'organisme.
Le sang se rend au coeur qui le propulse, via l'aorte, vers toutes les parties de l'organisme, transportant et distribuant les nutriments aux différents organes.

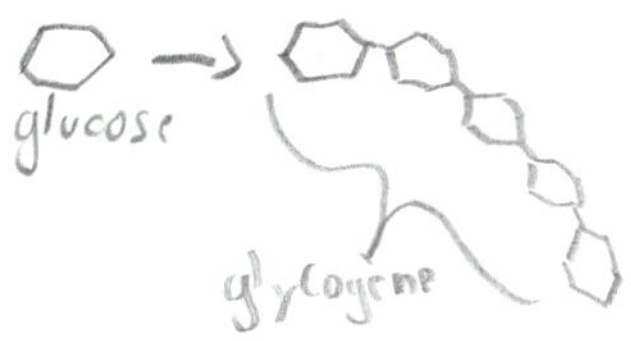

glycogène = de nombreuses molécules de glucose liées

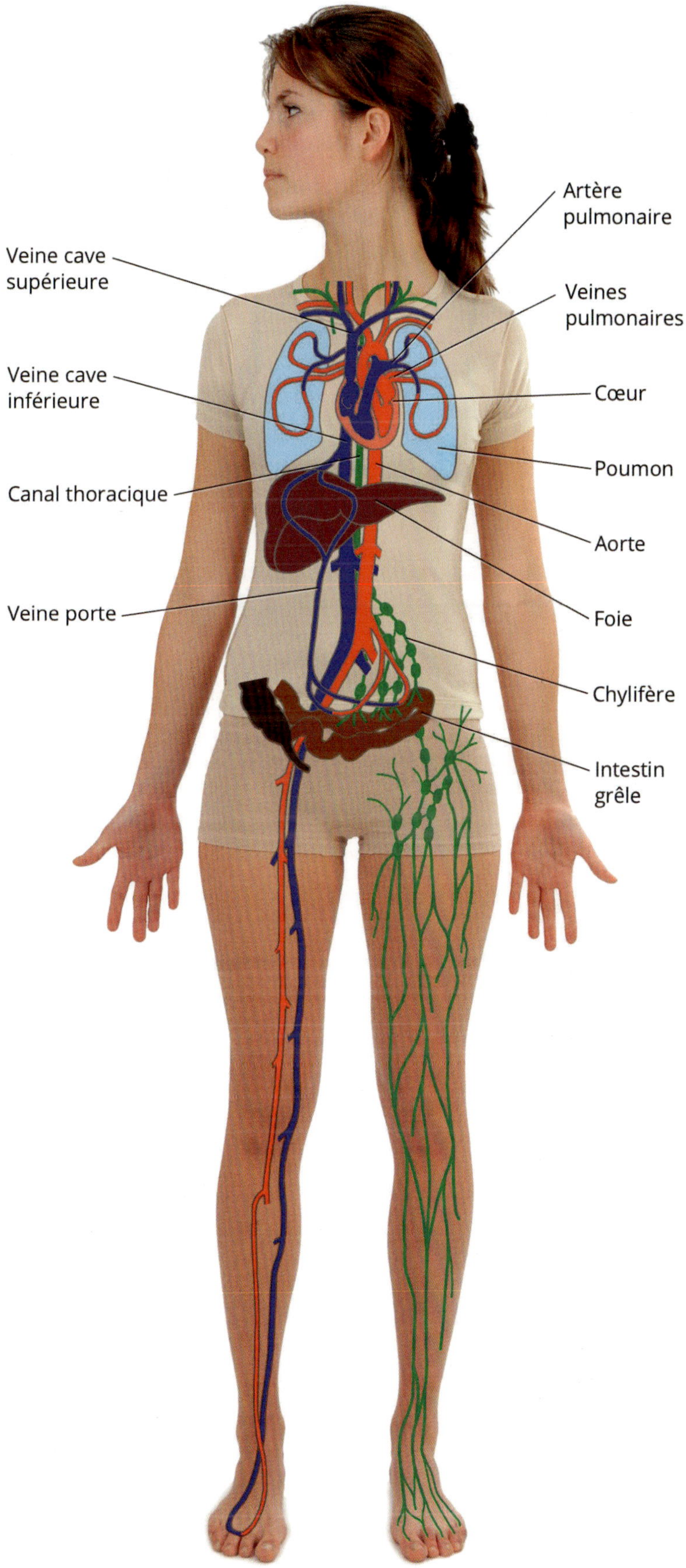

5.3 Les nutriments arrivent au bout de leur voyage

Le sang transporte les différents nutriments et le dioxygène à travers tout l'organisme, alimentant de cette manière les cellules qui le constituent.
Tous ces nutriments vont servir au métabolisme de la cellule soit pour la production d'énergie, soit pour la construction de nouvelles macromolécules.

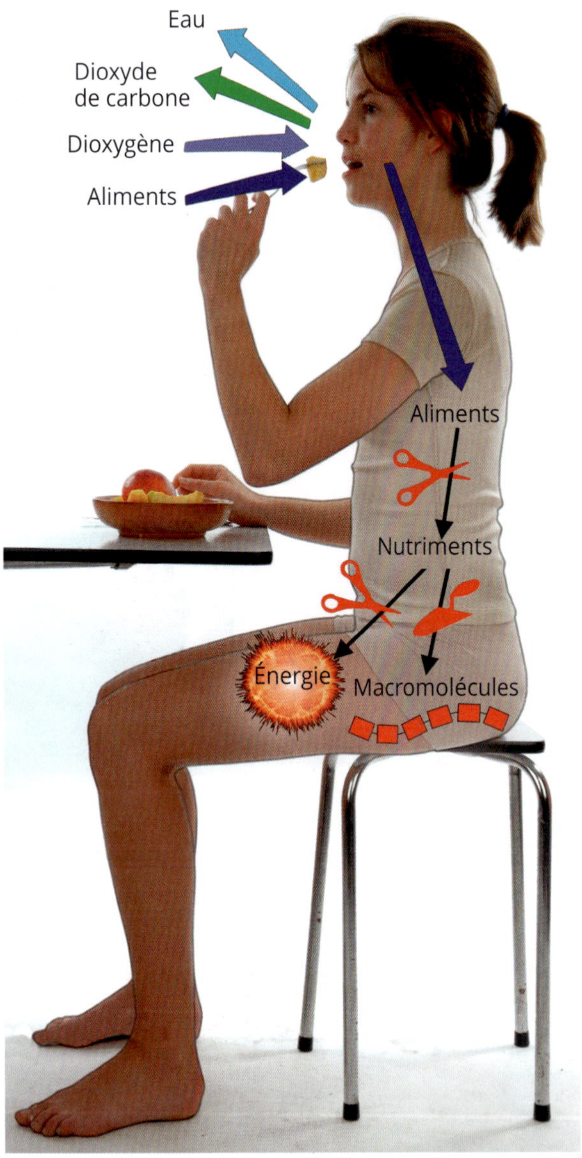

Toute réaction métabolique nécessite l'intervention d'enzymes, symbolisées par les ciseaux (enzymes de dégradation) et la truelle (enzymes de synthèse).

- Les monosaccharides sont principalement destinés à la production d'énergie. Comme la chaudière de la maison brûle du mazout pour produire de la chaleur, la cellule utilise les monosaccharides comme combustible et produit de l'énergie au cours d'un processus que l'on appelle la **respiration**.
  Cette dégradation des monosaccharides se fait en plusieurs étapes, sous l'action de nombreuses enzymes. La molécule privilégiée par la cellule comme source d'énergie est le glucose.
  Le bilan de la respiration s'écrit :

  glucose + dioxygène ⟶ dioxyde de carbone + eau + énergie

  et peut être modélisé :

  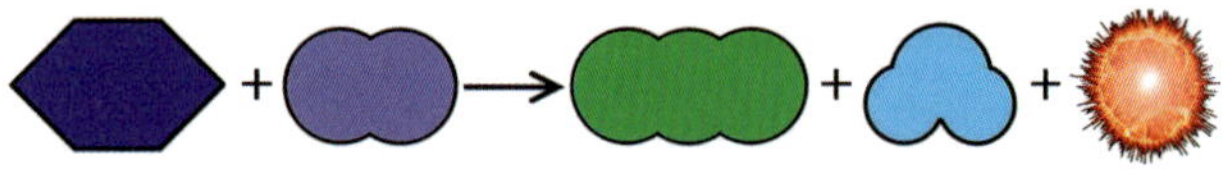

  1 g de glucose fournit 17 kJ dont environ la moitié est utilisable par la cellule tandis que l'autre moitié est transformée en chaleur qui permet entre autres de maintenir la température corporelle aux environs de 37 °C.

- Les acides gras et autres lipides sont la principale source d'énergie pour de nombreuses cellules. La transformation de 1 g de lipide en présence de dioxygène fournit 38 kJ, dont 13 kJ d'énergie utilisable par la cellule et 25 kJ d'énergie dégradée sous forme de chaleur. Les lipides sont également des matériaux de construction qui interviennent dans la composition des structures cellulaires (les membranes par exemple) ou de substances comme certaines hormones. Les lipides excédentaires sont mis en réserve dans les tissus adipeux.

- Les acides aminés sont pour l'essentiel assemblés en protéines utilisées par la cellule pour ses propres besoins (protéines des muscles, enzymes, protéines des membranes) ou qu'elle exporte (hormones, mucus, enzymes digestives). Les acides aminés ne seront dégradés avec production d'énergie que s'il y a pénurie des autres combustibles ou en cas de surabondance de protéines.

10 5.4 Comment la cellule produit-elle son énergie en l'absence de dioxygène ?

Quand le dioxygène fait défaut, que ce soit de manière temporaire ou permanente, les cellules ne peuvent pas réaliser la respiration. Ces cellules exploitent d'autres réactions permettant de récupérer l'énergie contenue dans la matière organique, c'est la **fermentation**. Mais la fermentation ne transforme pas totalement le glucose en dioxyde de carbone ; il reste des déchets organiques qui contiennent encore beaucoup d'énergie ; certains de ces déchets sont toxiques pour la cellule.

Lors d'un effort mesuré, comme la marche ou un exercice sportif auquel nous sommes préparés, l'énergie nécessaire aux cellules est fournie par la respiration cellulaire. Si l'effort est intense et prolongé, les cellules musculaires peuvent manquer de dioxygène et elles exploitent alors une autre réaction biochimique permettant de récupérer l'énergie contenue dans le glucose : c'est la **fermentation lactique**. Cette fermentation laisse un déchet organique, l'acide lactique, qui peut être à l'origine des crampes.

L'homme exploite par ailleurs des fermentations réalisées par des microorganismes pour la production de yaourt, de choucroute, de boissons alcoolisées... Les bactéries du yaourt et de la choucroute font la fermentation lactique. Des levures réalisent la **fermentation alcoolique** durant laquelle elles transforment le glucose en éthanol (alcool) et en dioxyde de carbone. Le glucose, présent dans les fruits ou l'amidon des graines de céréales, est ainsi à l'origine de l'éthanol du vin, du cidre, de la bière..., boissons alcoolisées plus ou moins gazeuses selon que l'on a conservé ou laissé s'échapper le dioxyde de carbone produit. La pâte à pain lève grâce au dioxyde de carbone, l'éthanol se vaporisant et s'échappant en tout début de cuisson.

La choucroute est une préparation à base de chou finement coupé et issue de la fermentation lactique réalisée par des bactéries.
La bière est issue de la fermentation alcoolique de céréales par des levures.

6 Se nourrir : une question d'équilibre

Le simple fait de vivre signifie que l'organisme est le siège de transformations chimiques.
Le **métabolisme** est l'ensemble de ces transformations.
Le métabolisme se manifeste par une dépense d'énergie qui maintient le corps en état et permet la réalisation des activités.

6.1 Les besoins énergétiques

11

Les besoins énergétiques répondent à trois types de dépenses.

Le premier type est appelé **métabolisme de base** et correspond à la dépense énergétique minimum permettant le maintien des processus vitaux : fonctionnement cérébral, mouvements respiratoires, battements cardiaques, maintien de la température à 37 °C... On le mesure au repos complet, à jeun depuis 12 heures et à une température ambiante comprise entre 20 et 25 °C afin de n'avoir à lutter ni contre le froid ni contre la chaleur. Il représente à lui seul 60 à 70 % des dépenses. Il dépend de la masse, du sexe et de l'âge. Ce métabolisme est moins élevé chez la femme que chez l'homme. En effet, la masse graisseuse, naturellement plus abondante chez la femme, est faite de cellules adipeuses au métabolisme peu actif.
Le métabolisme de base diminue au cours de la vie : de 225 kJ/(kg.jour) chez le bébé, il passe à environ 100 kJ/(kg.jour) chez l'adulte. Cette diminution ne se fait pas de manière régulière. En effet, le métabolisme augmente pendant la petite enfance et la puberté parce que le corps dépense alors beaucoup d'énergie pour la croissance ainsi que pour la maturation nerveuse et sexuelle.
La masse influence également le métabolisme : les pertes de chaleur par la surface de la peau sont proportionnellement plus basses chez une personne massive que chez une personne mince. Le métabolisme de base exprimé en kJ/(kg.jour) diminue donc avec l'augmentation de masse.

Le deuxième type correspond aux dépenses permettant d'assurer la digestion, l'absorption et le stockage des aliments. Elles représentent environ 10 % des dépenses.

Le troisième type correspond aux dépenses variables liées au travail musculaire, à la température ambiante et à certains états particuliers caractérisés par une production de matière (croissance, cicatrisation, gestation, lactation...). Elles comptent pour 25 % des dépenses.

L'Organisation mondiale de la Santé a défini les besoins énergétiques d'un individu comme « *la quantité d'énergie nécessaire pour compenser les dépenses et assurer une taille et une composition corporelle compatibles avec le maintien à long terme d'une bonne santé et d'une activité physique adaptée au contexte économique et social* ».

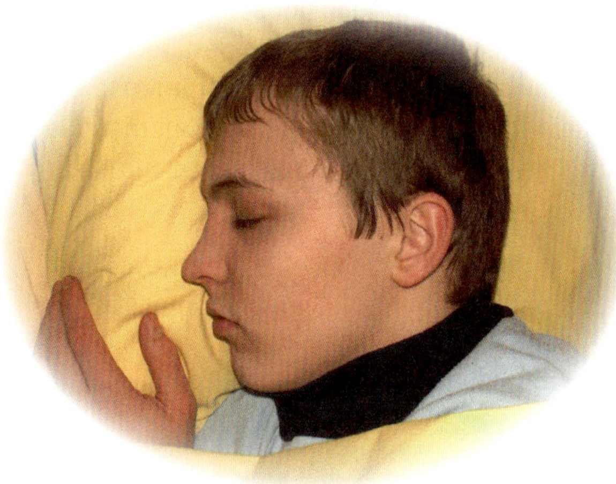

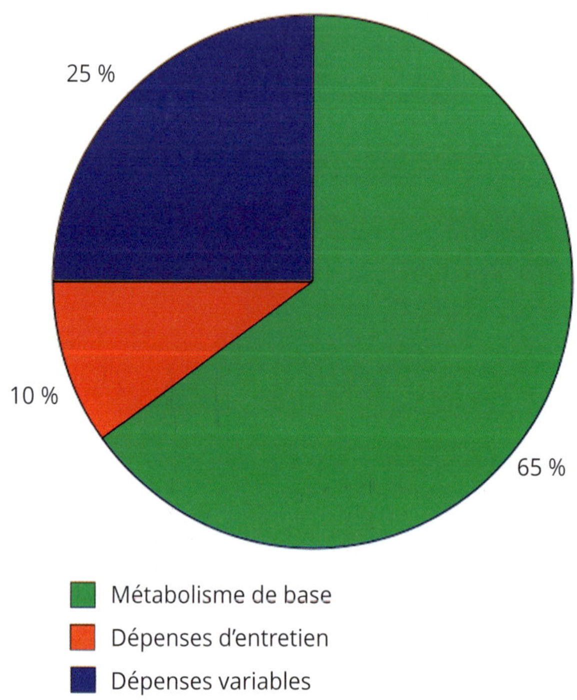

Nous avons vu que les dépenses dépendent de plusieurs facteurs, mais c'est la partie variable qui va permettre de déterminer les besoins en énergie. On classe les activités en :

- activités légères : assis la plupart du temps, télévision, ordinateur, école…
- activités moyennes : déplacements, rangement, ménage, marche…
- activités lourdes : activité sportive intense, manipulation d'objets lourds…

Les besoins énergétiques peuvent être estimés sur 24 heures pour chaque individu.

Âge (ans)	Masse (kg)	Besoins énergétiques en (kJ/jour)
1	10	3 500
2	12,5	4 600
3	15	5 500
4	17	5 740
5	19	6 040
6	21	6 340
7	23,5	6 700
8	26,5	7 150
9	30	7 670
10-18	33	8 010
	40	8 800
	50	9 950
	60	11 100
	70	12 230
	80	13 380
19-30	70	11 400
31-60	70	11 030
Après 60	70	9 340

Besoins énergétiques de l'homme ayant une activité physique légère

Âge (ans)	Masse (kg)	Besoins énergétiques en (kJ/jour)
1	9	3 200
2	12	4 440
3	14,5	5 400
4	16,5	5 670
5	18,5	6 000
6	21	6 340
7	23,5	6 700
8	26,5	7 140
9	30	7 650
10-18	33	7 500
	40	8 050
	50	8 840
	60	9 640
	70	10 430
	80	11 230
19-30	60	9 000
31-60	60	8 800
Après 60	60	8 000

Besoins énergiques de la femme ayant une activité physique légère

On ajoutera 1250 kJ/jour pour une femme enceinte et 2000 kJ/jour pour une femme allaitante.

12

6.2 La santé dans l'assiette

Une alimentation saine doit assurer l'équilibre des besoins de l'organisme, aussi bien des besoins énergétiques que des besoins plastiques et fonctionnels. Aujourd'hui, nous ne nous contentons pas simplement de manger pour vivre, mais aussi pour bien vivre.

L'aliment idéal, source de protéines, lipides, glucides, vitamines, minéraux n'existe pas (sauf le lait maternel pour le nourrisson) d'où la nécessité d'un apport quotidien et varié de toutes les catégories d'aliments, dans les proportions définies pour la couverture des besoins physiologiques de notre organisme.
Les apports nutritionnels journaliers recommandés, quantitatifs et qualitatifs, permettent de déterminer la **ration alimentaire**.

Il est intéressant de savoir que, dans nos pays, on mange trop : trop de viande, trop de graisses, trop de sucres…
Alors, à la poubelle le « steak-frites-salade-mayo », ou le « poulet-compote-croquettes » ? Bien sûr que non !

Adopter une alimentation équilibrée n'est pas une mission impossible. Avec la **pyramide alimentaire**, nous pouvons y parvenir. Elle nous permet non seulement de visualiser les différentes familles d'aliments, mais nous renseigne aussi sur les quantités à consommer pour atteindre l'objectif d'une alimentation saine : les aliments figurant à la base de cette structure doivent être les plus consommés, les quantités diminuant au fur et à mesure que l'on s'élève vers le sommet de la pyramide.

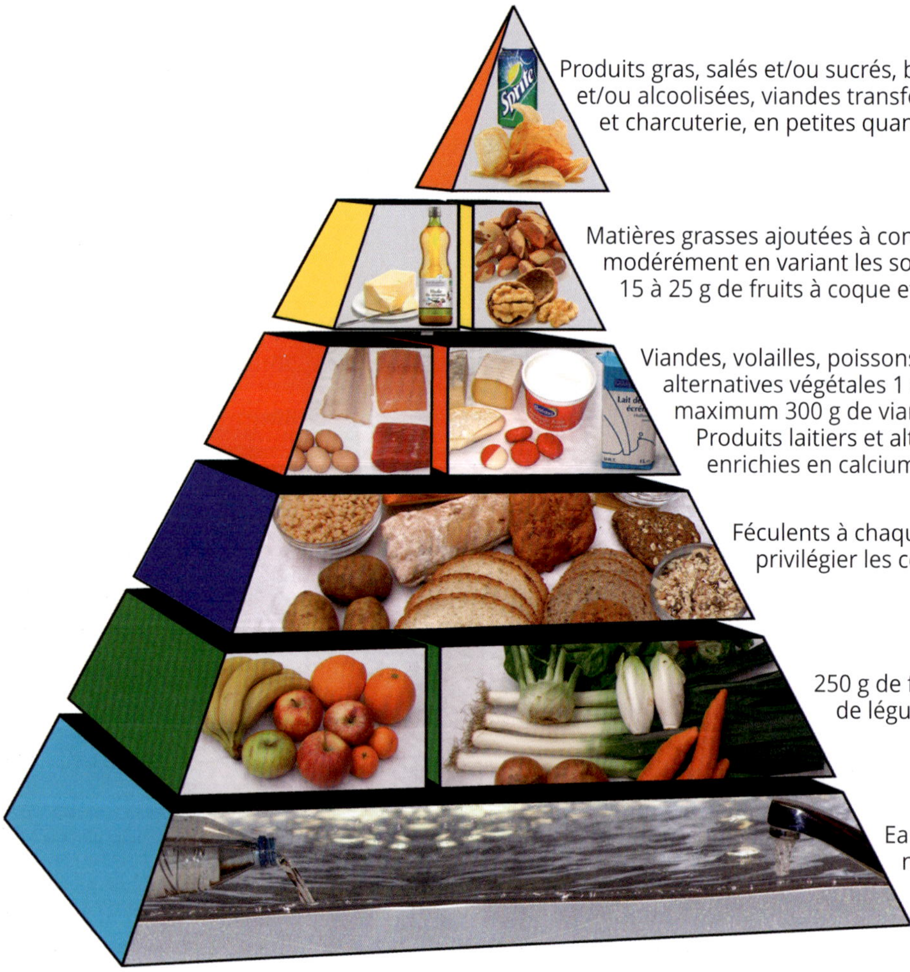

13

6.3 Manger c'est bien, bien manger c'est mieux !

Varier les apports alimentaires

- Choisir différents aliments dans chaque compartiment de la pyramide en veillant aux quantités proposées.
- Boire au moins 1,5 L par jour et préférer l'eau aux boissons trop sucrées.
  L'eau est la meilleure des boissons et la seule nécessaire. L'eau de distribution est bonne à boire : sa qualité est plus sévèrement contrôlée que celle de l'eau en bouteille et le calcaire qu'elle peut contenir n'ôte rien à sa valeur. C'est quasi le seul produit livré sans déchet à domicile : l'eau arrive au robinet ou à la fontaine à eau sans emballage, ce qui est précieux pour notre environnement, et sans grands frais de transport, ce qui est précieux pour notre portefeuille. L'eau du robinet coûte 50 à 300 fois moins cher que l'eau en bouteille.

- Consommer du pain, des pommes de terre, des céréales, qui sont la principale source d'énergie d'une alimentation équilibrée. Préférer les produits non raffinés (du pain, des pâtes ou du riz complets) qui diminuent le risque de cancer du tube digestif et le taux de cholestérol.
- Manger des fruits et légumes en suffisance pour leurs apports en vitamines, sels minéraux et fibres.

De nombreuses études ont montré un lien entre la consommation de ces aliments et une diminution du risque de maladies cardiovasculaires et de certains cancers. De plus, en consommant des fruits et des légumes naturellement colorés, nous bénéficions d'un apport diversifié en composés protecteurs (antioxydants...).

- Consommer des herbes aromatiques fraîches qui remplaceront avantageusement le sel. Il est présent naturellement en suffisance dans les aliments. L'excès de sel peut provoquer de l'hypertension artérielle.
  Le persil est l'une des plantes les plus minéralisées. De plus, 2 à 3 cuillerées à soupe bien pleines de persil haché couvrent notamment 20 % des apports journaliers recommandés (AJR) en vitamines C et A.
- Alterner la consommation de viandes et de poissons, sources de protéines. Le poisson contient globalement moins et de meilleures matières grasses que les viandes.
- Consommer des produits laitiers. Ils sont riches en protéines, en vitamines liposolubles (sauf dans les produits écrémés) et en éléments minéraux tels que le phosphore, le magnésium, le potassium et bien évidemment le calcium.
  Les personnes intolérantes au lactose peuvent le remplacer par d'autres aliments (boissons à base de soja).

- Éviter les excès de produits sucrés et gras pouvant entraîner des maladies cardiovasculaires et le diabète et limiter les aliments frits à 1 fois par semaine.
  Choisir les bonnes matières grasses : les huiles de colza et d'olive sont riches en acides gras polyinsaturés dont les omégas 3 et 6. Ces derniers, consommés en bonnes proportions, ont un effet favorable pour la prévention des maladies cardiovasculaires et du diabète, et sur la santé en général.
- Limiter la consommation de boissons alcoolisées et caféinées qui ont un impact négatif sur le système nerveux.

Adapter les apports énergétiques aux besoins de l'organisme

Une activité physique intense justifie de manger davantage.
Grignoter à tout moment en étudiant, en regardant la télévision ou devant l'ordinateur ne se justifie par contre pas.

Prendre un déjeuner

« *Un déjeuner de roi, un dîner de prince, un souper de mendiant* » : voilà le secret du bon équilibre nutritionnel. Ce proverbe résume à lui seul toute l'importance du déjeuner. Plusieurs études confirment que l'adolescent qui déjeune :
- fournit un meilleur rendement scolaire ;
- est plus performant au cours d'éducation physique ;
- entretient des rapports plus harmonieux avec les autres et se sent mieux dans sa peau.

Ne pas sauter de repas

Sauter un repas ne diminue pas l'apport énergétique quotidien, l'organisme n'est pas dupe, il va récupérer par des grignotages.

Être attentif à la qualité des aliments

L'état de fraîcheur, la date de péremption, les conditions de stockage, les additifs alimentaires, le mode de conservation doivent être pris en considération lors du choix des aliments.

Mastiquer suffisamment

La digestion et l'absorption commencent dans la bouche. Le fait de bien broyer facilite l'action des sucs digestifs. Chaque bouchée devrait être mâchée 20 fois avant d'être avalée.

Consacrer du temps aux repas

Prendre le temps de s'arrêter, de se détendre, de profiter des repas et choisir une variété d'aliments ajoute du plaisir aux repas.

Il y a plus de 2 400 ans, le médecin et philosophe Hippocrate affirmait déjà : « *Que ton aliment soit ton seul médicament* ».

14

7 Les dysfonctionnements alimentaires

15

7.1 Les maladies liées à l'apport quantitatif en aliments ou nutriments

La dénutrition pour les populations des pays pauvres

De nombreuses personnes ne peuvent accéder comme il le faudrait à la nourriture dont elles ont besoin, avec comme conséquence des situations de faim et de malnutrition à grande échelle dans le monde.

Aujourd'hui, presque 800 millions de personnes, dont certaines en Belgique, souffrent de sous-alimentation chronique, car la nourriture dont elles disposent n'est même pas suffisante pour répondre aux besoins énergétiques minimums.

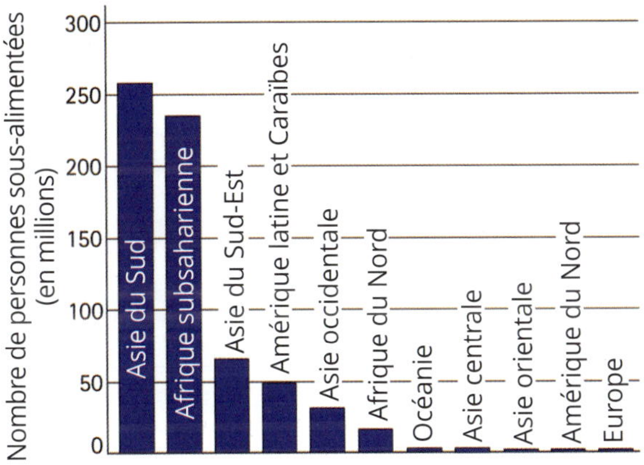

Sous-alimentation en 2019 par région (source FAO)

La surconsommation dans les pays riches

Elle provoque **obésité**, affections cardiovasculaires…
En Belgique, en 2017, les maladies cardiovasculaires étaient la première cause de décès. En 2020, 15 % des décès étaient dus à la pandémie de Covid-19 et plus de 20 % aux maladies cardiovasculaires.

En 2018, une enquête belge de santé publique estimait que 34 % de la population belge présentait une surcharge pondérale tandis que 21 % de la population était obèse. Le nombre de personnes obèses a augmenté spectaculairement en 10 ans, passant de 14 à 21 %.

La masse idéale n'est pas une valeur mais une zone dans laquelle la masse doit se situer pour être en bonne santé. Cette zone est définie par les valeurs de l'**Indice de Masse Corporelle** (**IMC**).

La formule suivante permet de déterminer son IMC :

$$\frac{\text{masse en kg}}{(\text{taille en m})^2}$$

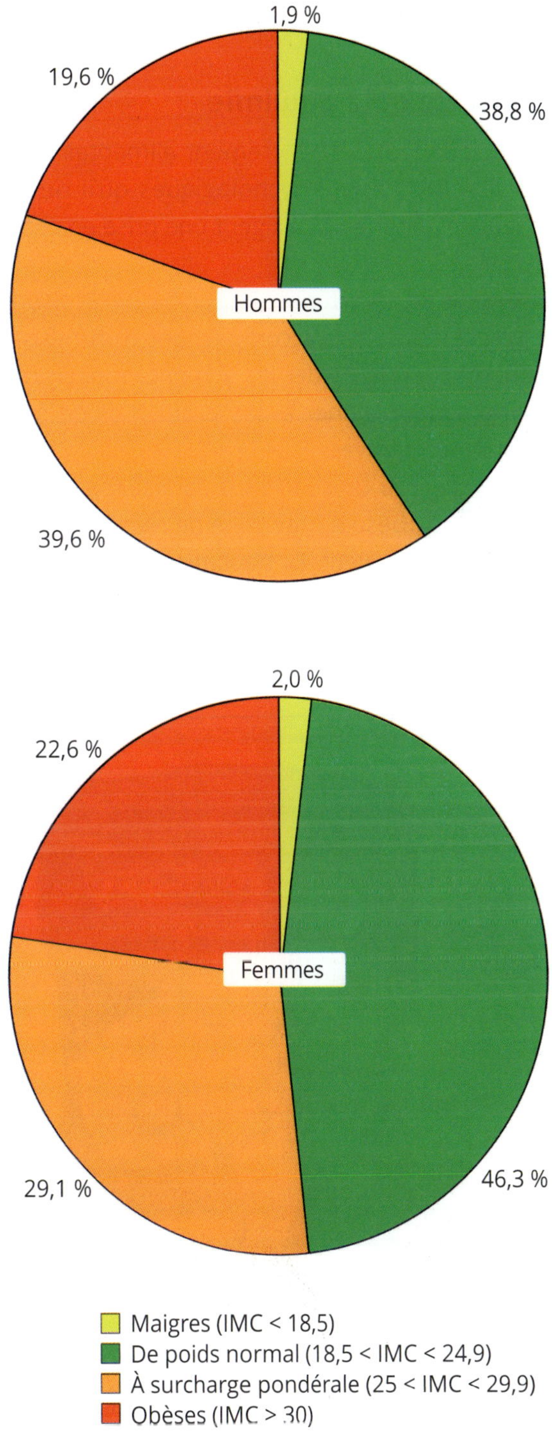

Répartition de la population belge selon l'IMC en 2018 (Source : Sciensano)

Les carences

- En vitamines : un manque de vitamine A entraîne une maladie oculaire et peut conduire à la cécité.
- En minéraux : un manque de fer peut entraîner des problèmes d'anémie.
- En protéines : un manque d'acides aminés essentiels peut conduire à la maladie de Kwashiorkor (croissance retardée, troubles de la plupart des systèmes).

L'anorexie et la boulimie

Ces maladies du comportement alimentaire sont liées à des troubles psychologiques qu'il ne faut pas sous-estimer et qui exigent une prise en charge médicale.
L'**anorexie** est caractérisée par un besoin irraisonné de perdre du poids s'accompagnant d'un refus de s'alimenter ou de garder les aliments consommés. L'anorexie peut mener à des problèmes de santé extrêmement graves.
La **boulimie** est caractérisée par un besoin irraisonné de manger excessivement. La boulimie peut conduire à l'obésité et à d'autres problèmes de santé.
Anorexie et boulimie affectent davantage les filles que les garçons.

La cacahuète est le fruit de l'arachide (*Arachis hypogaea*), cultivée dans les régions tropicales. Certaines de ses protéines peuvent causer de graves allergies alimentaires.

7.2 Les maladies liées à la nature des aliments consommés

Les allergies alimentaires

Les aliments les plus fréquemment en cause sont, chez l'enfant, l'œuf, la cacahuète et le lait.
Aujourd'hui, le nombre des allergies augmente de façon préoccupante. Les hypothèses avancées pour expliquer ce phénomène sont liées à des modifications des comportements dans nos sociétés.

- L'internationalisation des repas et l'engouement pour les aliments exotiques nous exposent à des aliments de plus en plus diversifiés auxquels certains individus peuvent réagir de façon allergique.
- Le recours fréquent aux plats industriels, qui renferment un grand nombre d'ingrédients, est susceptible de nous faire rencontrer plus d'allergènes. Les traitements industriels peuvent provoquer la transformation de molécules inoffensives en molécules allergisantes.
- L'utilisation abusive des antibiotiques, l'hygiène excessive et la diminution de l'allaitement maternel perturbent le développement de l'immunité.

L'amélioration du dépistage des allergies augmente aussi le nombre de cas détectés.

Les intolérances alimentaires

Ce sont des réactions moins fréquentes que les allergies et dont la cause n'est pas toujours bien connue.
L'intolérance au lactose contenu dans les produits laitiers affecte des personnes dépourvues de la lactase, enzyme capable de digérer le lactose en glucose et galactose.

Les intoxications alimentaires

L'intoxication alimentaire est provoquée par l'ingestion de substances nocives. Il s'agit, dans la plupart des cas, de bactéries responsables d'une gastro-entérite, parfois de toxines, c'est-à-dire de produits secrétés par les bactéries elles-mêmes.

7.3 Les maladies métaboliques

L'hypercholestérolémie

Le cholestérol se trouve naturellement dans la plupart des tissus humains, spécialement dans le cerveau et la moelle épinière. Il joue donc un rôle primordial dans le développement du système nerveux des enfants et contribue par la suite à son bon fonctionnement. Il possède également d'autres fonctions spécifiques en participant notamment à la fabrication d'hormones.

Toutefois, l'excès de cholestérol ou hypercholestérolémie peut s'avérer mortel à long terme, car il peut obstruer les artères et provoquer de graves problèmes cardiovasculaires. On peut également relever qu'aucun symptôme n'est ressenti à court terme (le risque est en général sur le moyen ou le long terme) ce qui en fait une maladie devant être dépistée grâce à des bilans sanguins prescrits par le médecin.

L'hypercholestérolémie peut avoir une cause héréditaire, être la conséquence du diabète, de l'obésité, du tabagisme ou d'un manque d'activité physique. Un régime alimentaire déséquilibré en certains acides gras est une cause de cette maladie métabolique.

Le diabète

Le diabète est une affection chronique au cours de laquelle l'organisme ne produit pas suffisamment d'insuline (type 1) ou n'est pas suffisamment sensible à l'insuline produite (type 2).

L'insuline est une hormone fabriquée par le pancréas, qui permet la pénétration du glucose dans les cellules. Chez les diabétiques, le glucose ne pénètre pas en assez grande quantité dans les cellules. Il s'accumule dans le sang, privant ainsi celles-ci d'une importante source d'énergie.

La conséquence majeure du diabète est le risque de complications aboutissant à la cécité, à la perte de sensibilité des extrémités des membres, à la gangrène pouvant même nécessiter l'amputation des membres inférieurs.

Le diabète est une maladie fréquente. De plus en plus de personnes sont confrontées à l'une de ses formes, le diabète de type 2. En Belgique, 500 000 personnes environ souffrent de diabète de type 2, mais on estime qu'un diabétique sur deux s'ignore.

Comment éviter le diabète de type 2 ? En respectant les règles d'une alimentation équilibrée et en pratiquant suffisamment d'exercice.

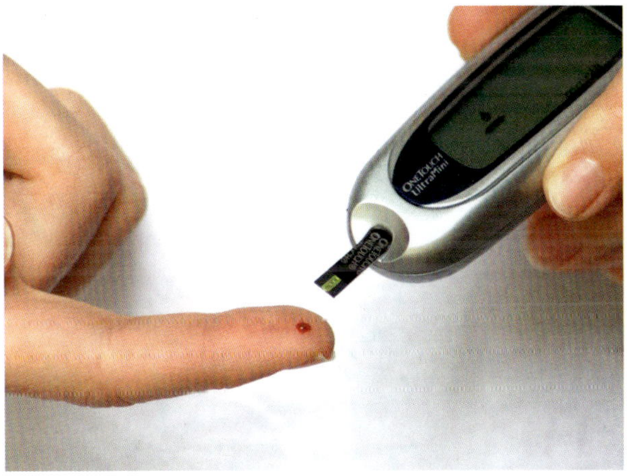

Le diabète est une affection qui nécessite le dosage régulier de la glycémie (taux de glucose sanguin) et, si nécessaire, l'injection d'insuline.

Activités

ACTIVITÉ 1 — SE NOURRIR - Préconception, modéliser

Il est 11 h 00, tu as un coup de pompe juste avant le cross. Tu manges une barre énergétique et ça « repart ». Comment cette barre va-t-elle te permettre d'aider tes muscles ?

1) Cite les différents systèmes et organes qui permettront d'amener cette barre jusqu'à un de tes muscles.
2) Cite les différentes transformations que subira cette barre tout au long de son trajet.
3) Maintenant, tu as tous les éléments nécessaires pour répondre à la question initiale sous forme de schéma. Ton schéma doit montrer clairement les relations entre les différents systèmes et organes ainsi que les différentes transformations subies par « la barre énergétique ».

ACTIVITÉ 2 — ANALYSER DES ÉTIQUETTES - Classer, expliquer, présenter sous une autre forme

Par groupe de deux, analysez les étiquettes des aliments ci-dessous afin de répondre aux questions suivantes.

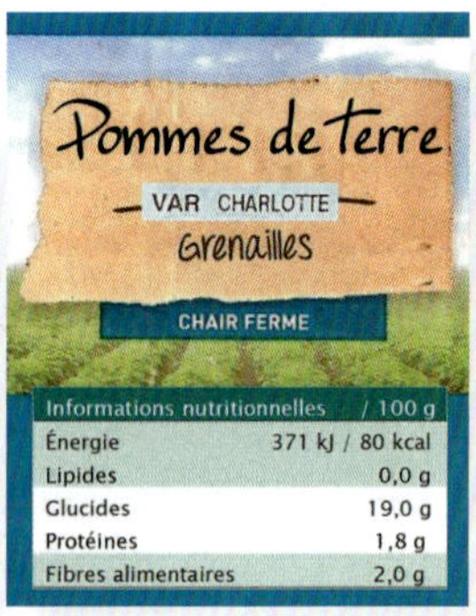

1) Quels sont les différents constituants des aliments ainsi que leurs proportions relatives ?
2) Quels sont les constituants que l'on retrouve dans tous les aliments présentés dans cette activité ?
3) Pour chaque aliment, additionnez les pourcentages des différents constituants. Que constatez-vous ?
4) À quel(s) constituant(s) pourrait correspondre le pourcentage manquant ? Justifiez.
5) Vous avez peut-être déjà mangé de la purée de pomme de terre faite à partir de pommes de terre en flocons. Ces flocons sont obtenus par un processus de déshydratation qui consiste à éliminer, partiellement ou totalement, l'eau contenue dans l'aliment.
Sachant qu'il faut déshydrater environ 4 kg de pommes de terre pour obtenir 1 kg de flocons, déterminez la quantité d'eau contenue dans les 4 kg de pommes de terre.
Cette information confirme-t-elle votre hypothèse précédente ? Justifiez par un rapide calcul.
6) Pour mieux visualiser vos résultats, représentez par un diagramme circulaire la composition des pommes de terre et du muesli.

ACTIVITÉ 3 ANALYSER DES ALIMENTS – Mener à bien une démarche expérimentale

La composition des aliments n'est pas toujours signalée sur une étiquette, mais des tests permettent de mettre en évidence certains constituants.

Matériel

Physique	Biologique	Chimique
– mortier et pilon – 12 tubes à essai en Pyrex/Duran – 1 porte-tube – papier filtre ou absorbant – plaque chauffante ou étuve ou sèche-cheveux – verres de montre – spatule – pipettes	– pain – jambon avec gras ou saucisson – pomme – pomme de terre – lait entier – lait écrémé – farine d'insectes – flocons de pomme de terre	– eau distillée – liqueur de Fehling dans un compte-gouttes – sulfate de cuivre (II) anhydre – solution de Lugol dans un compte-gouttes – solution d'hydroxyde de sodium à 20 % dans un compte-gouttes – solution de sulfate de cuivre (II) à 1 % dans un compte-gouttes

Mode opératoire

1. Dépose un petit morceau de pomme dans un verre de montre et ajoute une pointe de spatule de sulfate de cuivre (II) anhydre.
2. Broie dans le mortier un morceau de pomme avec 20 ml d'eau distillée.
3. Prélève 3 × 2 ml de la suspension obtenue que tu déposes dans 3 tubes à essai et applique les tests à la liqueur de Fehling, au lugol et du biuret.
4. Frotte un petit morceau de pomme sur la feuille de papier et fais-la sécher.
5. Répète les manipulations avec le jambon, le pain, la pomme de terre, les flocons de pomme de terre, le lait entier, le lait écrémé et la farine d'insectes.
   Pour le lait, tu peux commencer au troisième point du mode opératoire et, au point 4, déposer une goutte sur la feuille de papier.

LES TESTS À RÉALISER

– Test au sulfate de cuivre (II) anhydre

Dans un verre de montre contenant l'échantillon à analyser, dépose à l'aide d'une spatule un peu de sulfate de cuivre (II) anhydre sur l'échantillon.

– Test à la liqueur de Fehling

Dans un tube à essai contenant 2 ml de l'échantillon à analyser, ajoute 10 gouttes de liqueur de Fehling bleue. Chauffe le mélange au bain-marie à 80 °C pendant 2 minutes au maximum.

– Test au lugol

Dans un tube à essai contenant 2 ml de l'échantillon à analyser, ajoute 10 gouttes de lugol de couleur jaune.

– Test du biuret

Dans un tube à essai contenant 2 ml de l'échantillon à analyser, ajoute 5 gouttes d'une solution d'hydroxyde de sodium à 20 %. Le long de la paroi interne du tube, laisse délicatement couler 5 gouttes de la solution de sulfate de cuivre (II).

– Pouvoir tachant

Frotte ou dépose l'échantillon sur une feuille de papier et fais-la sécher à la chaleur.

Résultat

Construis un tableau selon le modèle ci-contre et indiques-y tes résultats : + si le test est positif et 0 dans l'autre cas.

Tests	Pomme	Pomme de terre	Jambon	Pain
Sulfate de cuivre (II) anhydre (eau)				
[illegible]				

4 Interprétations et conclusions

Quels sont les constituants que tu as mis en évidence dans le pain, le jambon, la pomme, la pomme de terre, le lait entier, le lait écrémé, les flocons de pomme de terre et la farine d'insectes ?

ACTIVITÉ 4 ON EST CE QU'ON MANGE – Présenter sous une autre forme, comparer

Catherine, une jeune fille de 55 kg est composée d'eau et de :
- 2,75 kg d'éléments minéraux ;
- 0,82 kg de glucides ;
- 7,15 kg de lipides ;
- 8,67 kg de protides.

1) Quelle est la masse d'eau de cette jeune fille ?

2) Donne le pourcentage en masse des différents composants de l'être humain.

3) Réalise un graphique en barres illustrant la composition chimique, en pourcentage en masse, de l'être humain.
Utilise le code suivant : l'eau en bleu clair, les éléments minéraux en gris, les glucides en bleu foncé, les lipides en jaune et les protides en rouge.

La racine de carotte est composée de :
- 88,6 % d'eau ;
- 1,0 % d'éléments minéraux ;
- 9,1 % de glucides ;
- 0,2 % de lipides ;
- 1,1 % de protides.

La chair du bar est composée de :
- 78,9 % d'eau ;
- 1,1 % d'éléments minéraux ;
- 2,3 % de lipides ;
- 17,7 % de protides.

Les bars, dont le bar tacheté *(Dicentrarchus punctatus)*, sont communément pêchés en mer.

4) Représente la composition de la racine de carotte et de la chair de bar par des graphiques en barres en conservant les conventions utilisées pour la jeune fille.

5) Compare la composition chimique de l'être humain à celle de la racine de carotte et de la chair du bar.

6) Justifie le titre choisi pour cette activité : « on est ce qu'on mange ».

ACTIVITÉ 5 QUE DEVIENT LE REPAS QUE JE MANGE ? – Présenter sous une autre forme, comparer

Pour mener à bien cette activité, tu dois maîtriser l'anatomie du système digestif et les différents constituants du vivant.

Nous avons suivi le trajet d'un repas, spaghettis à la sauce bolognaise accompagnés d'un verre d'eau, tout au long du tube digestif et nous en avons analysé la composition à différents niveaux du tube digestif. Les tableaux 1 à 6 de la page suivante donnent les résultats de ces analyses.

Analyse et interprétation des résultats

1) Recopie 4 fois le tableau ci-contre.

2) Complète les titres de ces tableaux : « Que se passe-t-il dans la bouche ? » pour le premier, « dans l'œsophage ? » pour le deuxième, « dans l'estomac ? » pour le troisième et « dans la première partie de l'intestin grêle » pour le dernier.

3) Complète ces tableaux en comparant les tableaux de résultats deux à deux (1 et 2, 2 et 3, 3 et 4, et 4 et 5) :

- Indique si les quantités des différentes substances varient, en utilisant les symboles suivants :
  ↗ si la quantité augmente,
  ↘ si la quantité diminue,
  = s'il n'y a pas de variation.
- Indique les transformations : quelle substance est transformée en quelle autre substance ?

Que se passe-t-il dans... ?	
Les substances	**Évolution de leur quantité**
amidon	
disaccharides	
monosaccharides	
protéines	
peptides	
acides aminés	
triglycérides	
acides gras	
fibres	
eau	
vitamines	
sels minéraux	

⇨ Transformations subies à ce niveau :

....

....

À recopier au cahier

4) Maintenant, tu peux résumer les transformations subies, tout au long du tube digestif, par l'amidon, les protéines, les triglycérides, les fibres, l'eau, les sels minéraux et les vitamines.

5) Compare les tableaux 5 et 6 et émets une hypothèse expliquant les variations d'abondance.

4 Résultat des analyses

Substance présente en quantité importante : +++, en quantité moins importante : ++, en quantité peu importante : + et en quantité négligeable : 0

Composition des spaghettis à la sauce bolognaise + verre d'eau Les aliments = ce que je mange	
Les substances	Abondance
amidon	+++
disaccharides	+
monosaccharides	traces
protéines	+++
peptides	0
acides aminés	0
triglycérides	+++
acides gras	0
fibres	++
eau	+++
vitamines	+
sels minéraux	+

Tableau 1

Composition du bol alimentaire qui entre dans l'œsophage	
Les substances	Abondance
amidon	++
disaccharides	++
monosaccharides	traces
protéines	+++
peptides	0
acides aminés	0
triglycérides	+++
acides gras	0
fibres	++
eau	+++
vitamines	+
sels minéraux	+

Tableau 2

Composition du bol alimentaire qui entre dans l'estomac	
Les substances	Abondance
amidon	++
disaccharides	++
monosaccharides	traces
protéines	+++
peptides	0
acides aminés	0
triglycérides	+++
acides gras	0
fibres	++
eau	+++
vitamines	+
sels minéraux	+

Tableau 3

Composition du chyme (ce qui sort de l'estomac)	
Les substances	Abondance
amidon	++
disaccharides	++
monosaccharides	traces
protéines	++
peptides	+
acides aminés	0
triglycérides	+++
acides gras	0
fibres	++
eau	+++
vitamines	+
sels minéraux	+

Tableau 4

Composition du chyme qui se trouve dans la deuxième partie de l'intestin grêle	
Les substances	Abondance
amidon	0
disaccharides	0
monosaccharides	+++
protéines	+
peptides	+
acides aminés	+++
triglycérides	+
acides gras	+++
fibres	++
eau	+++
vitamines	+
sels minéraux	+

Tableau 5

Que trouve-t-on dans le rectum ?	
Les substances	Abondance
amidon	0
disaccharides	0
monosaccharides	0
protéines	0
peptides	0
acides aminés	0
triglycérides	+
acides gras	0
fibres	+
eau	+
vitamines	0
sels minéraux	0

Tableau 6

ACTIVITÉ 6 L'ACTION DE L'AMYLASE – Mener à bien une démarche expérimentale

Matériel

Physique	Chimique
– 9 tubes à essai en Pyrex/Duran – 1 porte-tube – étuve ou plaque chauffante et thermomètre – pipettes – 3 berlins – marqueur – chronomètre	– eau – glace – liqueur de Fehling – solution de Lugol – solution d'amidon – solution d'amylase – bandelettes réactives au glucose

L'amylase est une enzyme digestive présente dans la salive.
L'amidon est un polysaccharide dont l'unité est le glucose.
Rappelle-toi les molécules avec lesquelles le lugol et la liqueur de Fehling réagissent (page 85).

Mode opératoire

1. Prépare 9 tubes à essai et numérote-les.
2. Prélève et dépose, dans chacun des 9 tubes, 4 ml de la solution d'amidon.
3. Applique pour :
- le tube à essai 1, le test au lugol. Ajoute 10 gouttes de lugol de couleur jaune.
- le tube à essai 2, le test à la liqueur de Fehling. Ajoute 10 gouttes de liqueur de Fehling bleue. Chauffe le mélange au bain-marie à 80 °C pendant maximum 2 minutes.
- le tube à essai 3, le test de détection du glucose avec les bandelettes réactives. Suis les indications données sur le mode d'emploi de celles-ci.

4. Ajoute, dans les tubes 4 à 9, 2 ml de la solution d'amylase puis agite légèrement les tubes.
5. Place les tubes 4, 5 et 6 à 37 °C, à l'étuve ou au bain-marie, durant 10 minutes.
6. Place les tubes 7, 8 et 9 dans de la glace fondante (0 °C) durant 10 minutes.
7. Agite légèrement les tubes et applique, pour chaque température, dans l'ordre des numéros, les tests au lugol, à la liqueur de Fehling et de détection du glucose.
8. Replace le tube 6 (celui où tu as fait le test de détection du glucose avec la bandelette) dans l'étuve durant encore 15 minutes. Refais ensuite le test de détection du glucose.

Résultat

Construis un tableau selon le modèle suivant et complète-le.

n° du tube	Conditions expérimentales		Résultats	
	Contenu du tube	Température	Test réalisé	Observations
1				
2				

Interprétations et conclusions

1) Quelles sont les molécules obtenues par réaction de l'amylase sur l'amidon ? Modélise cette réaction chimique.

2) Sur base de tes observations, présente l'action de l'amylase et les conditions nécessaires à son activité.

ACTIVITÉ 7 L'ACTION DE LA PEPSINE – Mener à bien une démarche expérimentale

Matériel

Physique	Biologique	Chimique
- 5 tubes à essai en Pyrex/Duran - 1 porte-tube - 3 berlins - étuve ou plaque chauffante et thermomètre - pipettes - marqueur - chronomètre	- solution d'ovalbumine (blanc d'œuf)	- eau - glace - solution de pepsine - solution de chlorure d'hydrogène 1 M dans un compte-gouttes

La pepsine est une enzyme présente dans le suc gastrique.
Le chlorure d'hydrogène est un acide présent dans l'estomac.
Le blanc d'œuf est principalement constitué d'eau (88 %) et de protéines dont la plus abondante est l'ovalbumine.

Mode opératoire

1. Prépare 5 tubes à essai et numérote-les.
2. Prélève et dépose, dans les tubes 1 à 5, 4 ml de la solution d'ovalbumine.
3. Ajoute 2 gouttes de la solution de chlorure d'hydrogène dans les tubes 1, 2, 3 et 4.
4. Ajoute 1 ml de la solution de pepsine dans les tubes 2 à 5.
5. Agite légèrement les 5 tubes.
6. Place le tube 2 dans la glace et le tube 3 entre 80 et 90 °C.
7. Place les autres tubes à 37 °C.
8. Observe les différents tubes et note l'aspect (limpide, trouble…) du contenu en début de manipulation et toutes les 5 minutes et cela durant 15 minutes.

Résultat

Construis un tableau selon le modèle suivant et complète-le.

n° du tube	Conditions expérimentales		Résultats	
	Contenu du tube	Température	Test à la liqueur de Fehling	Observations
1				
2				

Interprétations et conclusions

1) Sur base de tes observations, émets une hypothèse sur l'action de la pepsine.

2) Dans quelles conditions cette enzyme est-elle active ?

ACTIVITÉ 8 L'ACTION DU SUC PANCRÉATIQUE – Mener à bien une démarche expérimentale

Dans le livre *Expériences sur la digestion de l'homme et de différentes espèces d'animaux* écrit en 1777 par l'abbé Lazzaro Spallanzani, naturaliste, on trouve le texte suivant :
« *Mais si ces aliments ne se dissolvent pas parfaitement dans l'estomac, M. Gosse a observé qu'ils finissaient de se dissoudre dans leur passage au travers des intestins, soit par l'action continuée des sucs gastriques, soit par leur mélange avec la bile, le suc pancréatique et les autres fluides qu'ils y trouvent...* »

La mission scientifique de ton équipe est d'imaginer et de réaliser des expériences permettant de vérifier une partie de l'hypothèse émise par Spallanzani : « *Les aliments finissent par se dissoudre notamment par l'action du suc pancréatique.* »

Matériel

Physique	Biologique	Chimique
- tout le matériel proposé dans les activités 6 et 7	- solution de suc pancréatique - blanc d'œuf - farine (amidon) - huile	- tous les réactifs proposés dans les activités 6 et 7

Indiquez le mode opératoire suivi, les résultats obtenus, vos interprétations et vos conclusions.

ACTIVITÉ 9 LES SUCS DIGESTIFS – Résoudre

On réalise l'expérience suivante.

Solution d'amidon

Solution d'amidon + extrait de suc pancréatique

Tube 1

Tube 2

Les tubes sont incubés à 37 °C. On réalise des prélèvements à intervalles de temps réguliers pour en analyser le contenu.

1) Quelles sont les constantes, c'est-à-dire les paramètres communs aux deux tubes ?

2) Quelles sont les variables, c'est-à-dire les conditions expérimentales qui diffèrent d'un tube à l'autre ?

Les graphiques suivants traduisent les résultats obtenus. Les quantités sont données en unités arbitraires (UA).

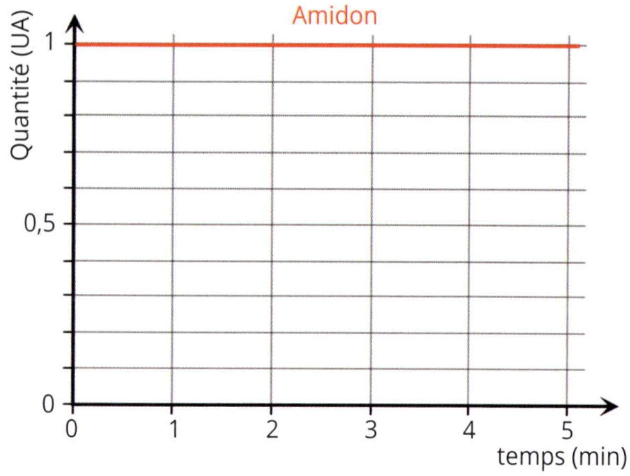

Contenu du tube 1

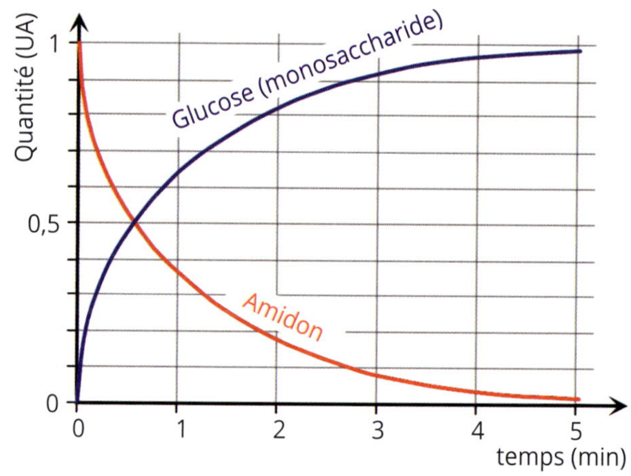

Contenu du tube 2

3) Analyse les graphiques obtenus et réponds aux questions suivantes.

a) Que trouve-t-on dans le tube 1 au début de l'expérience (au temps t = 0 min) ? Quelle substance ? En quelle quantité ?

b) Que s'est-il passé dans le tube 1 durant les 5 minutes d'expérience ?

c) Que trouve-t-on dans le tube 2 au début de l'expérience (au temps t = 0 min) ? Quelle substance ? En quelle quantité ?

d) Que trouve-t-on dans le tube 2 au temps t = 2 min ? Quelles substances ? En quelles quantités ?

e) Que trouve-t-on dans le tube 2 au temps t = 5 min ? Quelles substances ? En quelles quantités ?

f) Que s'est-il passé dans le tube 2 durant les 5 minutes d'expérience ?

g) Quelle explication peux-tu donner pour rendre compte de ces résultats ?

ACTIVITÉ 10 HISTOIRE DE LEVURES – Analyser des résultats expérimentaux, interpréter, communiquer

La levure *Saccharomyces cerevisiae* est un organisme unicellulaire faisant partie des Mycètes (champignons). Elle est connue, dans le commerce, sous les noms de « levure de boulangerie » ou « levure de bière ». Les levures sont hétérotrophes et consomment des substances organiques puisées directement dans le milieu ou stockées dans leur cellule. Elles peuvent réaliser la respiration ou la fermentation qui produisent l'énergie utilisable pour leurs activités et leur croissance.

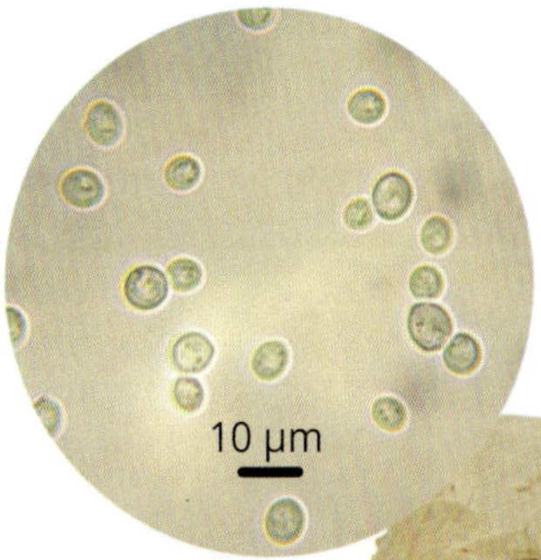

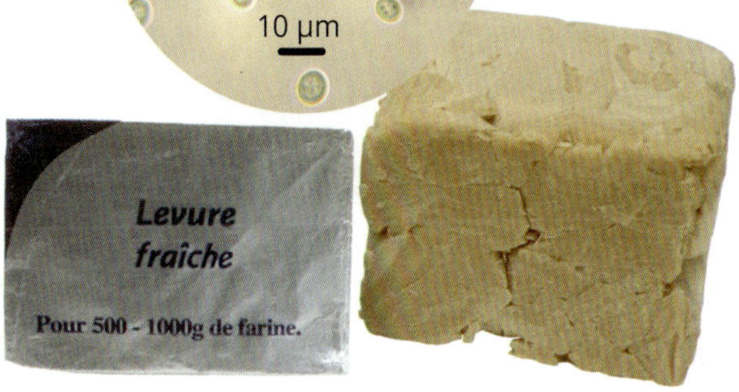

À l'aide des documents ci-après et de tes connaissances compare, sous forme de tableau, ces deux types de métabolismes utilisés par les levures.

Document 1

Une suspension de levures est aérée pendant une douzaine d'heures, à température constante, afin que les levures épuisent tout le glucose disponible. Ensuite, la suspension est placée dans une enceinte fermée munie d'une sonde mesurant la concentration en dioxygène (O_2) du milieu. Après une minute, on introduit du glucose.
Le graphique ci contre présente l'enregistrement obtenu.

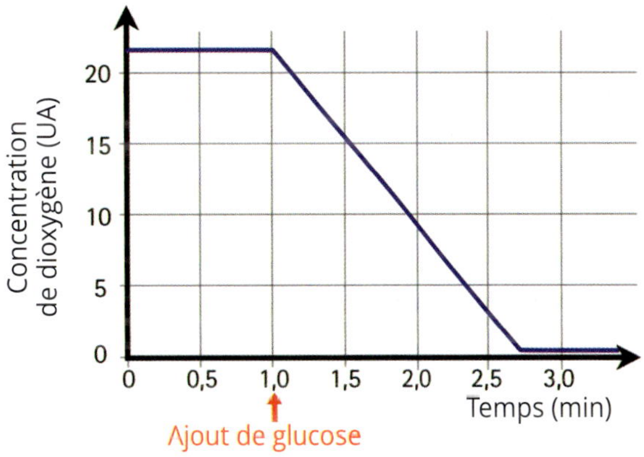

Document 2

Des levures sont mises en culture. Après 24 h, on compte le nombre de levures présentes.
On prélève 250 ml de cette suspension que l'on place en conditions aérobies (présence de dioxygène) et 250 ml que l'on place en conditions anaérobies (absence de dioxygène). On ajoute continuellement du glucose afin que la respiration et la fermentation soient maintenues.
On compte le nombre de levures présentes dans les suspensions après 24 h, 48 h et 72 h.

Suspension	Nombre de levures par µl de suspension			
	Initialement	Après 24 h	Après 48 h	Après 72 h
En conditions aérobies	2 750	4 650	6 630	8 690
En conditions anaérobies	2 750	3 650	4 710	5 860

Document 3

Deux suspensions de levures contenant initialement 2,00 g de levures et 1,00 g de glucose sont placées à la même température, l'une en conditions aérobies, l'autre en conditions anaérobies, durant un même laps de temps.
Le tableau ci-dessous présente les résultats de quelques paramètres mesurés en fin d'expérience.

	En conditions aérobies	En conditions anaérobies
Masse de levures (g)	2,60	2,02
Volume d'O_2 utilisé (L)	0,75	0,00
Volume de CO_2 dégagé (L)	0,74	0,23
Masse d'éthanol formé (g)	0,00	0,46
Masse de glucose (g)	0,07	0,08

ACTIVITÉ 11 DE QUOI DÉPENDENT LES BESOINS ÉNERGÉTIQUES ? – Présenter sous une autre forme, communiquer

Les besoins énergétiques sont exprimés en kJ/(kg.jour).

1) Cette unité montre que les besoins énergétiques dépendent d'une caractéristique de l'individu. Laquelle ?

Les besoins énergétiques varient en fonction d'autres facteurs. Le graphique ci-dessous donne les besoins énergétiques, par unité de masse et par jour, d'un individu au repos complet à une température ambiante de 20 °C, en fonction de plusieurs facteurs.

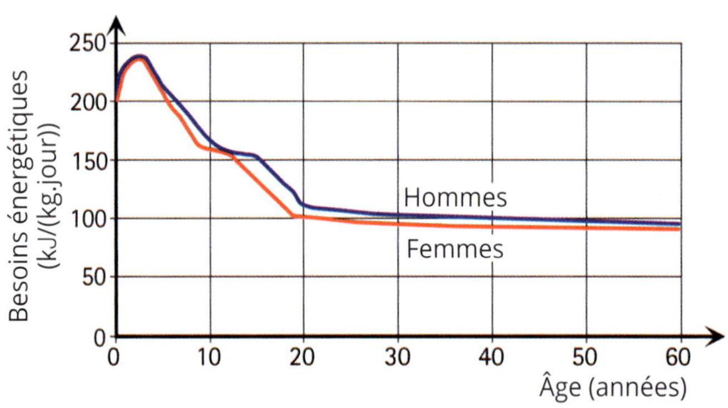

L'analyse du graphique te permettra de répondre aux questions suivantes.

2) Quels sont les facteurs qui influencent les besoins énergétiques mis en évidence dans ce graphique ?

3) Compare les besoins énergétiques de l'homme avec ceux de la femme au cours de leur vie.

4) Comment évoluent les besoins en fonction de l'âge ?
Il y a deux exceptions à cette évolution globale. Quelles sont ces exceptions et à quelles périodes de la vie correspondent-elles ?
Comment peux-tu expliquer ces deux exceptions ?

5) Maintenant, tu peux préciser le titre du graphique que tu viens d'analyser.

ACTIVITÉ 12 QUELS SONT TES BESOINS ÉNERGÉTIQUES ? – Résoudre une application concrète

Le tableau suivant donne un aperçu des dépenses énergétiques correspondant à diverses activités. Il va te permettre d'estimer tes propres dépenses.

	Catégories d'activité	Dépenses en kJ/heure
Aucune activité	Adolescent de 14-15 ans au repos complet en position allongée	Masse en kg × 6,4
	Adolescente de 14-15 ans au repos complet en position allongée	Masse en kg × 5,7
Activités légères	Activités en position assise : TV, ordinateur, jeux de société ou vidéo, repas, lecture, travail de bureau, couture, transports...	460
	Activités en position debout : toilette, habillage, repas, petits déplacements, cuisine, achats...	600
Activités moyennes	Activités professionnelles : peinture, jardinage, activités ménagères... Marche lente...	800
Activités lourdes	Activités professionnelles : construction, mécanique automobile... Marche rapide, gymnastique, volley-ball...	1 200
	Travaux forestiers, terrassement Football, tennis double, cyclisme sur route...	1 800
	Natation, rugby, handball, course à pied...	2 000
	Escalade, basket...	2 500
	Natation vitesse, marathon, ski de fond, tennis simple...	3 000
	Ski vitesse	4 000
	Monter les escaliers	4 500

1) Calcule ta dépense énergétique moyenne par 24 h. Recopie le tableau suivant, il te guidera dans tes calculs.

Activité	Durée (h)	Calcul	Total (kJ)
Aucune (métabolisme de base)			
Activités faibles – en position assise – en position debout			
Activités moyennes			
Activités lourdes			
Total de ta dépense énergétique globale en 24 h			

À recopier au cahier

2) Quelle est la valeur des besoins énergétiques te correspondant (page 103) ?

3) Tes dépenses correspondent-elles à tes besoins théoriques ? Si non, explique ces différences.

ACTIVITÉ 13 S'ALIMENTER AU JOUR LE JOUR… – Résoudre une application concrète

1) Sur une feuille A4, dessine un tableau à 10 colonnes dont voici les en-têtes :

CE QUE J'AI MANGÉ									
Jour et heure	Repas, collations	Nourriture consommée : aliments + boissons	Quantité en grammes	Énergie fournie par les aliments	Glucides	Protides		Lipides	
						Type lacté	Type viande, poisson	Origine animale	Origine végétale

2) Ce tableau t'accompagnera 2 jours, un jour d'école et un jour de week-end. Pendant ces deux jours, tu complètes les quatre premières colonnes.

3) Ensuite, complète la colonne « Énergie fournie par les aliments ».
Pour cela tu peux :
- consulter les documents ou sites dont tu indiques les références ;
- utiliser des tables de composition des aliments ;
- lire les informations données sur les étiquettes.

4) Calcule la somme des apports énergétiques de chacune de tes journées.

5) À l'activité précédente, tu as calculé la quantité d'énergie que tu dépenses par jour. Note cette valeur.

6) Compare les valeurs obtenues en **4)** et en **5)** et réponds à la question suivante : ton alimentation couvre-t-elle tes besoins énergétiques ? (Une différence de 10 % entre les valeurs n'est pas significative.)
Si oui, bravo.
Si non, que faire pour rapprocher ces valeurs ?

Mais il ne suffit pas d'avoir une alimentation qui couvre tes besoins énergétiques, il faut aussi qu'elle soit équilibrée. Comment y parvenir ?

7) Reproduis la pyramide alimentaire de la page 104 et colorie les étages qui correspondent aux aliments que tu as consommés lors d'une des 2 journées.

8) Consommes-tu des aliments de tous les niveaux selon les quantités recommandées ?
Si oui, bravo.
Si non, que pourrais-tu modifier dans ton alimentation pour qu'elle soit plus équilibrée ?

ACTIVITÉ 14 LA RÈGLE DU 421 – Résoudre une application concrète

Une autre manière d'équilibrer ton alimentation est de respecter la règle du 421 = GPL, qui préconise de consommer :
4 parts de **G**lucides ;
2 parts de **P**rotides ;
1 part de **L**ipides.

Il ne faut pas utiliser cette règle du 421 avec une balance, mais la concevoir comme une règle « de terrain » permettant, au quotidien, d'équilibrer son alimentation. Il s'agit de consommer un nombre déterminé de portions d'aliments. Ainsi une journée comprendra :
4 portions d'aliments contenant des glucides répartis de la manière suivante :
– une fois des légumes ou fruits crus ;
– une fois des légumes ou fruits cuits ;
– une fois des sucres lents : pain, pommes de terre, pâtes… ;
– une fois des sucres rapides : miel, confiture, sorbet, choco…
2 portions d'aliments sources principales de protides répartis de la manière suivante :
– un aliment de type lacté : fromage ou yaourt ;
– un aliment de type viande ou poisson.
1 aliment source principale de lipides en veillant à consommer des lipides d'origine végétale (huile) pour moitié, d'origine animale (beurre, fromage…) pour le reste.

Vérifie l'équilibre du menu suivant par la règle du 421.
– Salade de carottes râpées à l'huile d'olive
– Cabillaud cuit au four
– Petits pois cuits à l'eau
– Pommes de terre vapeur
– Une portion de gouda
– Un sorbet
– Deux verres d'eau

1) Pour cela, construis un tableau selon le modèle suivant et trace une croix dans les cases correspondant à la composition des aliments consommés.

Aliments consommés	Glucides				Protides		Lipides	
	Légumes/fruits crus	Légumes/fruits cuits	Sucres lents	Sucres rapides	Type lacté	Type viande poisson	Origine animale	Origine végétale
Salade de carottes à l'huile d'olive								

2) Ce menu est-il équilibré ? Justifie brièvement.

ACTIVITÉ 15 LES TROUBLES ALIMENTAIRES – Présenter sous une autre forme, communiquer

Les liens entre l'alimentation et la santé sont de mieux en mieux connus ; le risque de développer des maladies liées à des dysfonctionnements alimentaires existe cependant.
Par binôme, vous allez réaliser une affiche qui illustre un dysfonctionnement ou un trouble du comportement alimentaire (boulimie, malbouffe, intolérance, diabète...) et en faire la présentation orale.
Pour cela, vous devez présenter des informations pertinentes (définition, causes, conséquences, solutions...) pour illustrer ce dysfonctionnement alimentaire.
N'oubliez pas que, avant de commencer à réaliser l'affiche, il faut rechercher des documents, choisir des sources fiables et intéressantes dont vous fournirez les références à votre professeur, rechercher les informations pertinentes, synthétiser et résumer.
Pour réaliser l'affiche, aidez-vous de la fiche pratique, page 146.

Vous serez évalués sur :
- la qualité de l'affiche ;
- la pertinence et la qualité des informations fournies ;
- la présentation orale.

5 Il faut éliminer !

L'organisme est une société de cellules complexe faite de différents systèmes. Comme toute société, l'organisme produit des déchets qu'il faut éliminer. Comme toute société, l'organisme a besoin d'un environnement stable.

À LA FIN DE CE CHAPITRE, TU SERAS CAPABLE DE...

SAVOIR

- **a.** Définir et utiliser les mots-clés apparaissant en rouge dans ce chapitre.
- **b.** Citer les principaux constituants de l'urine.
- **c.** Identifier les principaux organes du système urinaire, déterminer leur position et leurs principaux rôles.
- **d.** Légender des documents sur l'anatomie du rein.
- **e.** Expliquer la formation de l'urine par le rein.
- **f.** Définir l'homéostasie.
- **g.** Donner différents intervenants qui régissent l'homéostasie.
- **h.** Expliquer certains dysfonctionnements du système urinaire.
- **i.** Donner quelques conseils et les justifier pour préserver son capital santé au niveau de l'homéostasie.

SAVOIR FAIRE

- **a.** Présenter un schéma fonctionnel du système urinaire.
- **b.** Réaliser la dissection d'un rein, le schématiser et le légender.
- **c.** Comparer sur base de données chiffrées la composition du sang et de l'urine.
- **d.** Intégrer les systèmes circulatoire, respiratoire et excréteur au sein de la fonction d'homéostasie.
- **e.** Analyser des données relatives à différentes analyses d'urine venant de patients différents et les interpréter pour déceler une éventuelle maladie.

5

1 Voyage aux sources de l'urine

Tout au long de la journée, un adulte élimine en moyenne 1,5 litre d'urine, liquide transparent, jaunâtre et légèrement acide.

1.1 Que peut bien contenir ce liquide ?

Il contient :
- essentiellement de l'eau ;
- des déchets azotés (urée, acide urique, acide hippurique…) ;
- d'autres composés organiques (hormones, protéines…) ;
- des minéraux (sodium, potassium, calcium, chlorures, phosphates, carbonates…) ;
- quelques globules rouges, globules blancs et plaquettes.

L'**urine** contient donc de nombreuses substances dont la teneur peut varier notamment en fonction de l'alimentation. C'est ainsi que l'ingestion de certains aliments ou médicaments peut modifier sa couleur (betteraves rouges) ou son odeur (asperges).

1.2 Retour aux sources

L'urine s'écoule à l'extérieur de l'organisme par le méat urinaire. Un canal de 5 à 6 mm de diamètre, l'**urètre**, relie cet orifice à un organe creux et musculaire servant de réservoir, la **vessie**. Celle-ci est alimentée en permanence par deux tubes plus étroits, les **uretères**. Chaque uretère provient d'un **rein** où s'élabore l'urine.

Les reins fonctionnent en continu, mais la vessie n'élimine pas l'urine en permanence. La capacité de la vessie est variable (350 à 500 ml), mais l'envie d'uriner se fait sentir lorsqu'elle contient environ 300 à 400 ml d'urine.

La contraction de la vessie évacue alors l'urine : c'est la **miction**.

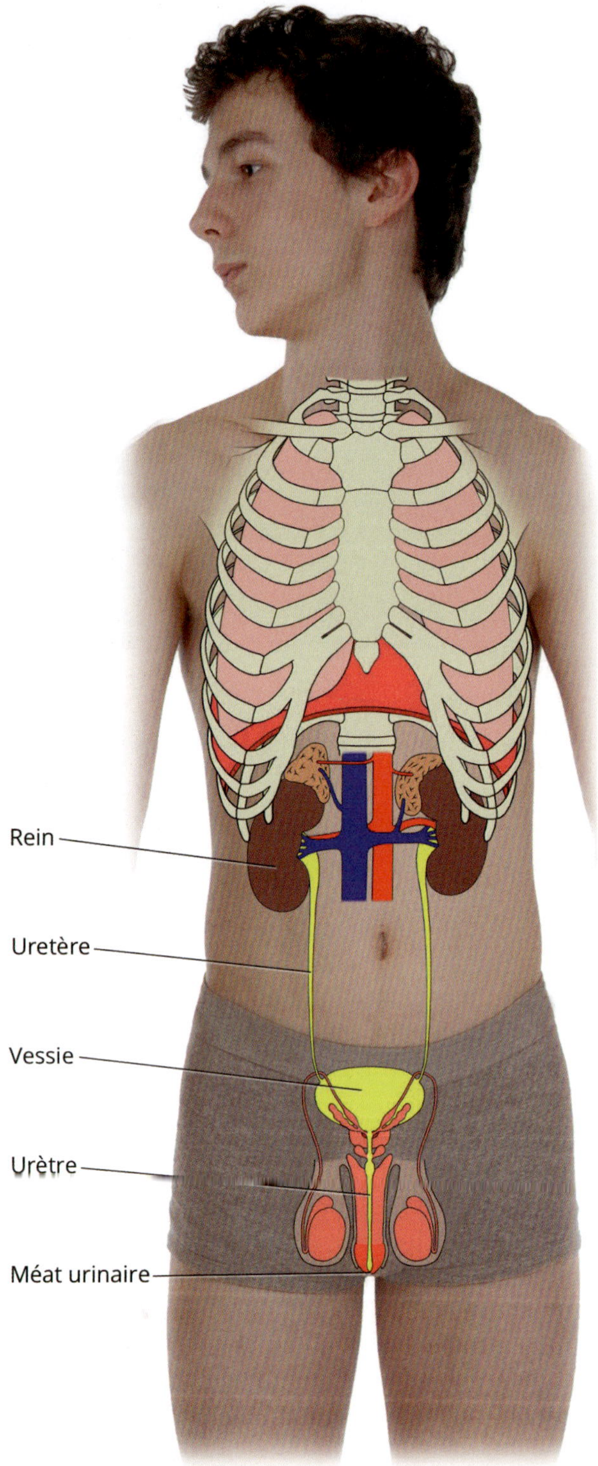

1.3 Anatomie du rein

Les reins sont situés dans la partie postérieure de l'abdomen, de part et d'autre de la colonne vertébrale. Ils ont une forme de haricot, mesurent environ 12 cm de longueur, 6 cm de largeur et 3 cm d'épaisseur chez l'adulte, et ont une masse moyenne de 150 g. Ils présentent dans leur partie centrale une dépression, le hile. La coloration rouge foncé des reins indique une importante vascularisation.

Les vaisseaux sanguins et l'uretère se connectent au rein au niveau du hile. L'**artère rénale** provient de l'artère aorte et la **veine rénale** rejoint la veine cave inférieure.

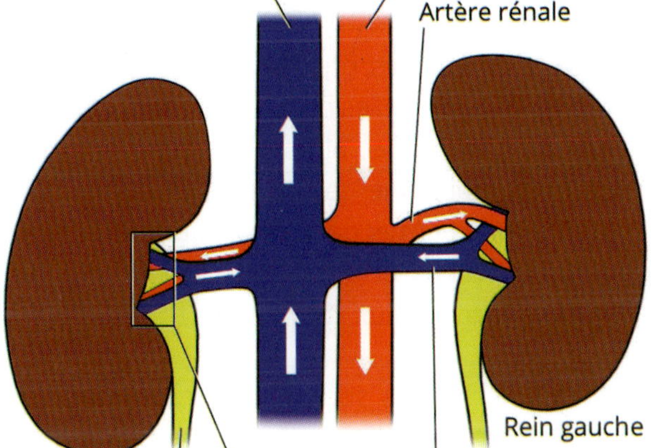

Une coupe longitudinale d'un rein, ici de porc, permet de distinguer, de la périphérie vers le hile :

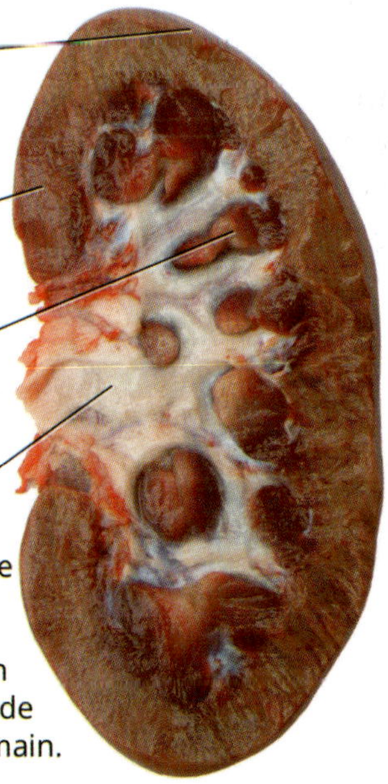

La forme et la taille du rein de porc sont très proches de celles du rein de l'être humain.

1.4 Comment les reins élaborent-ils l'urine ?

La formation de l'urine se fait en trois étapes.

- La filtration du sang, au niveau de la zone corticale, permet la formation d'un premier liquide. Seuls les lipides, la grande majorité des protéines et les globules du sang ne passent pas dans ce liquide à cause de leur taille importante.
- Au niveau de la zone médullaire, une réabsorption à partir de ce liquide permet à l'organisme de récupérer les éléments qui lui sont essentiels, le glucose, l'eau...
  99 % de l'eau sont réabsorbés : l'urine est concentrée.
- Toujours au niveau de la zone médullaire, le rein sécrète quelques déchets azotés dans l'urine (ammoniaque).

1.5 Contributions du système urinaire au niveau de l'organisme

Parmi les déchets du métabolisme, les déchets azotés sont les plus toxiques. Ils doivent donc être éliminés, sous peine d'empoisonner les cellules. Les reins filtrent le sang et éliminent ces déchets azotés.

Nous ne pouvons survivre que lorsque les conditions internes de notre corps sont comprises entre des valeurs limites. La capacité de l'organisme à maintenir un état de stabilité relative des différents composants de son milieu interne, malgré les variations constantes de l'environnement, se nomme **homéostasie**. Les reins participent à la régulation de la quantité d'eau de l'organisme et au maintien de la concentration de certains composés à des valeurs acceptables.

Mais le système urinaire n'est pas le seul à maintenir notre organisme en équilibre : les poumons évacuent le dioxyde de carbone produit par la respiration cellulaire, le foie détruit les acides aminés et acides nucléiques excédentaires en transformant la partie azotée de ces molécules en urée et acide urique et la peau élimine de l'eau, des sels minéraux et un peu d'urée par la transpiration.

2 L'analyse d'urine permet de déceler des dysfonctionnements de l'organisme ou du système rénal

Un dérèglement de l'organisme peut modifier la composition du sang et cela peut se répercuter au niveau de la composition de l'urine.

- L'analyse d'urine peut révéler la présence de glucose dans les urines (glycosurie). Son apparition est liée à une quantité trop importante de glucose dans le sang (hyperglycémie), symptôme d'une maladie : le diabète. Avant l'avènement de la médecine moderne, on goûtait les urines pour détecter la glycosurie. Aujourd'hui, il existe, en plus des analyses en laboratoires, des bandelettes disponibles en pharmacie que l'on trempe directement dans les urines, détectant la présence ou non de glucose. Cette dernière méthode est d'ailleurs utilisée lors des visites médicales scolaires dans le but de dépister le plus tôt possible les premiers signes d'un diabète.

Une bandelette test est brièvement plongée dans l'urine. La couleur prise au bout de 10 secondes montre que la concentration de glucose dans l'urine est : (1) indécelable, (2) faible, (3) moyenne, (4) élevée.

- L'urine d'autres patients présente un taux anormalement élevé de protéines. Celles-ci peuvent provenir d'une concentration élevée en protéines plasmatiques, de mauvaises filtrations et réabsorptions au niveau des reins, parfois même lors d'une grossesse. Des analyses précises permettent de détecter l'origine de cette augmentation de protéines urinaires et ainsi d'éviter des complications telles qu'un œdème ou la destruction des reins.

Chez certains malades, on retrouve des cellules sanguines dans l'urine ; elles peuvent provenir des voies urinaires elles-mêmes, blessées, ou résulter d'une infection microbienne de la vessie, la cystite. Une analyse d'urine permet de diagnostiquer la présence d'agents infectieux et d'en connaître la cause afin de les éliminer au plus vite.

Certaines personnes souffrent de calculs rénaux. Ce sont des composés minéraux et/ou organiques cristallisés qui peuvent s'assembler pour former une concrétion nommée calcul ou pierre. Les calculs rénaux se forment dans les reins qu'ils peuvent endommager, mais peuvent aussi se retrouver dans les conduits urinaires et y provoquer des douleurs très importantes nommées « coliques néphrétiques ».

Petits calculs rénaux

4

3 Et si nos reins tombent en panne...

Les reins détoxiquent et équilibrent sans cesse notre milieu interne. Lorsque la fonction rénale est insuffisante, le sang n'est plus correctement épuré, il s'intoxique par une accumulation de déchets et il faut avoir recours à des techniques médicales appropriées.

La dialyse est une technique d'épuration extérieure au corps. Le sang du patient s'écoule dans un dispositif, le rein artificiel, où il est traité, filtré et épuré avant d'être réinjecté.

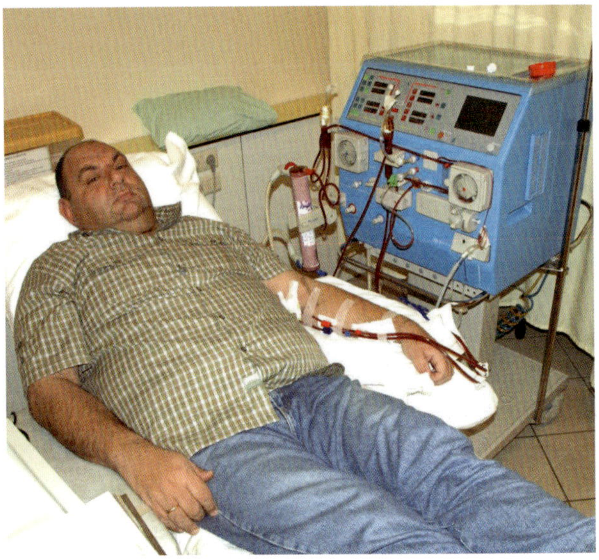

Chez certains patients, les reins sont irrémédiablement abîmés et deviennent totalement inefficaces ; une transplantation s'impose. La transplantation rénale est une opération chirurgicale par laquelle le chirurgien implante chez la personne malade un rein provenant d'un donneur compatible et en bonne santé. Le rein peut provenir d'un donneur vivant ou d'une personne en état de mort cérébrale.

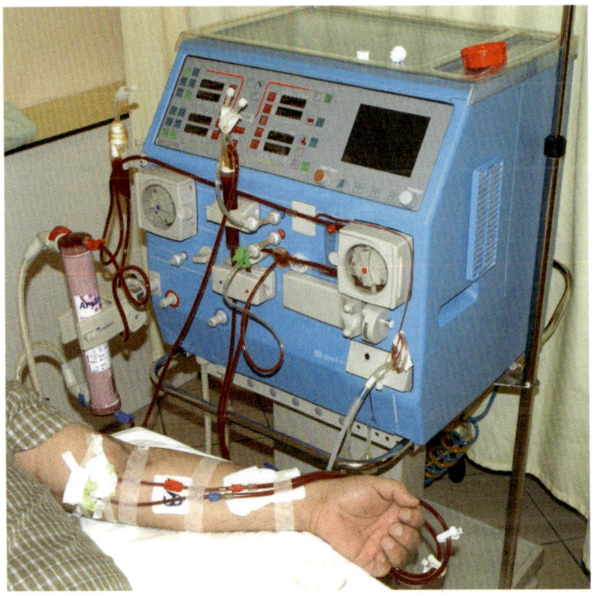

4 Donnons toutes les chances à nos reins

Pour maintenir le bon fonctionnement des reins, il faut :

- boire beaucoup d'eau, au moins un litre et demi par jour ;
- éviter de trop saler la nourriture ;
- éviter de manger une nourriture trop riche en protéines ;
- aller aux toilettes régulièrement ;
- respecter une hygiène intime ;
- consulter un médecin en cas de douleurs ou de sang dans les urines.

Activités

ACTIVITÉ 1 — QUE TROUVE-T-ON DANS L'URINE ? – Cerner la question, sélectionner les données utiles

Dominique vient de recevoir les résultats de son analyse d'urine. Le médecin lui remet le document ci-dessous en la rassurant : « Aucun problème, les résultats sont dans les limites acceptables (normes) pour ton âge et ton sexe ».

LABORATOIRE DE BIOLOGIE CLINIQUE — 05/09/2022
Rue Émile Francqui, 3 - 1435 Mont-Saint-Guibert
Chef de service : Ph. Lerin

Concerne **PATIENT Dominique**
Demeurant **Avenue des Sorbiers, 8 - 1453 LA VILLE**
Né(e) le **05/05/2007** Sexe : **M**
Demandé le **03/09/2022**

Au Docteur
BIENFAISANT Michel

ANALYSE	RÉSULTAT	Normes
Caractères généraux		
pH	6	5,4 à 7,2 (< 7 : acide ; ≥ 7 : non acide)
Présence de sang	Négatif	Négatif
Urine claire		
Examen chimique		
Dérivés protéiques		
Urée	22 g / 24 h	10 à 30 g / 24 h
Acide urique	0,5 g / 24 h	0,3 à 0,8 g / 24 h
Créatinine	1,5 g / 24 h	1,4 à 2,6 g / 24 h
Protides		
Albumine	Négatif	Négatif
Acétone	Négatif	Négatif
Sucre	Négatif	Négatif
Lipides	Négatif	Négatif
Composés minéraux		
Potassium	1 mg / 24 h	0,975 à 5,1 mg / 24 h
Sodium	3 g / 24 h	0,05 à 5,06 g / 24 h
Nitrites	Négatif	Négatif
Chlorures	2,8 g / 24 h	1,8 à 7,8 g / 24 h
Phosphates	0,8 g / 24 h	0,4 à 1,3 g / 24 h
Calcium	56 µg / 24 h	< 100 µg / 24 h
Eau	93 %	> 90 %
Examen cytologique		
Globules blancs	29 / µl	< 35 / µl
Globules rouges	Néant	< 25 / µl
Cellules épithéliales	Quelques	Quelques
Examen bactériologique		
Germes microbiens	Négatif	

Les résultats doivent toujours être interprétés en fonction du laboratoire où l'analyse a été effectuée.

En te basant sur le document concernant Dominique, réponds aux questions suivantes.

1) Quel est le constituant le plus abondant de l'urine ?
2) Quels sont les composés organiques normalement présents dans l'urine d'un individu en bonne santé ?
3) Quels sont les composés organiques que l'on recherche dans l'urine, mais qui sont normalement absents chez une personne en bonne santé ?
4) Quels sont les composés minéraux que l'on retrouve habituellement dans l'urine ?
5) Quels sont les composés minéraux que l'on recherche dans l'urine, mais qui sont normalement absents dans l'urine d'une personne en bonne santé ?

ACTIVITÉ 2

DISSECTION D'UN REIN DE PORC – Mener à bien une dissection, communiquer : présenter des schémas corrects

Matériel

Physique	Biologique	Chimique
– 2 fines pailles, une bleue et une rouge – bac à dissection – matériel de dissection – balance – latte	– rein de porc non nettoyé	– détergent – produit antiseptique du commerce – eau

Observation de la structure externe du rein

1. Dépose le rein dans le bac à dissection de sorte que la face ventrale soit orientée vers toi et la partie antérieure dirigée vers le haut, sachant que :
   – la partie antérieure est plus large que la partie postérieure ;
   – du côté dorsal, le hile (dépression centrale par où sortent et entrent des vaisseaux et des canaux) a la forme d'une échancrure en V. Du côté ventral, le hile a la forme d'une échancrure rectangulaire.
2. Déduis des informations précédentes s'il s'agit d'un rein gauche ou d'un rein droit.
3. Construis un tableau selon le modèle suivant.

Observations qualitatives		Observations quantitatives	
Observation	Qualification	Observation	Mesure

a) Place, dans la colonne adéquate « Observation » de ton tableau, les éléments suivants : aspect du revêtement du rein – épaisseur – largeur – consistance – couleur – forme – longueur – masse.
b) Indique dans le tableau, à côté de chaque « observation qualitative », la qualification qui convient.
c) Indique dans le tableau, à côté de chaque « observation quantitative » la mesure qui convient.

5

Observation de l'uretère, de l'artère rénale et de la veine rénale

L'uretère est un canal blanc, flasque, qui occupe toute la largeur de l'échancrure dorsale. L'artère et la veine rénale se divisent en deux à environ 1,5 cm du hile ; les artères se reconnaissent par leur orifice qui reste béant alors que l'orifice des veines s'aplatit.

1. De la main gauche, avec une pince, soulève la masse blanchâtre qui encombre le hile.
2. De la main droite, avec les ciseaux, dégage l'uretère et les vaisseaux du tissu blanchâtre qui les enrobe.
3. Enfonce délicatement la paille rouge dans l'artère rénale et la paille bleue dans la veine rénale.

Observation de la structure interne du rein

Réalise une coupe frontale du rein.

1. À l'aide d'un scalpel, entaille, le plus nettement possible, le rein dans le sens de la longueur en passant par le milieu de l'organe.
2. Ouvre le rein et recherche les zones suivantes :
   - dans la partie périphérique, la zone corticale, d'aspect granuleux ;
   - la zone médullaire, regroupant 8 à 12 pyramides présentant des stries (en réalité des tubes) ;
   - le bassinet, entonnoir qui collecte l'urine déversée par les pyramides et canalisée vers l'uretère.
3. Réalise un dessin des observations. Indique un titre, l'échelle et légende ton dessin.

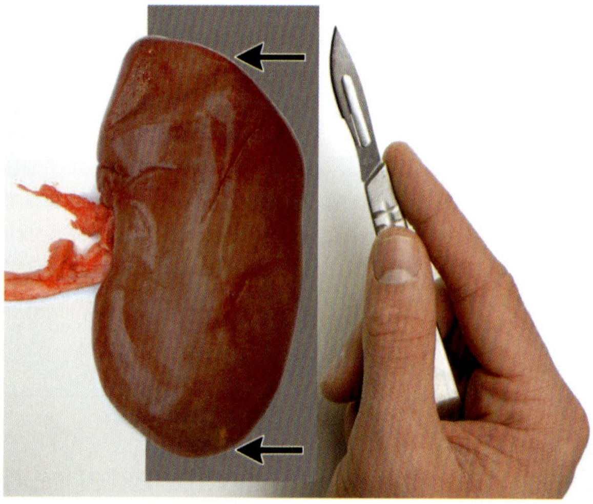

Entretien du matériel

Après l'observation, nettoie soigneusement les instruments et le bac à dissection à l'aide d'une solution de détergent et rince-les avec un produit antiseptique du commerce. Essuie et sèche les instruments métalliques.

ACTIVITÉ 3 LE TRAVAIL DU REIN – Sélectionner les données utiles, expliquer, communiquer

Comme tous les autres organes de l'organisme, le rein est approvisionné par le sang. Tout ce que le rein utilise ou transforme est amené par le sang.
Le tableau suivant donne la composition du plasma sanguin et de l'urine.

Substances les plus abondantes	Concentration (g/L)	
	Dans le plasma sanguin	Dans l'urine
Eau	910	950
Protéines	70	0
Lipides	3	0
Glucose	1	0
Composés minéraux	3,5	3 à 10
Déchets azotés (provenant de la dégradation des protéines) :		
– urée	0,5	20
– créatinine	0,005	1
– acide urique	0,05	0,6
– ammoniaque	0	0,5
– acide hippurique	0	0,5

1) Compare les compositions du plasma sanguin et de l'urine.

2) Sur base de cette comparaison, détermine les rôles du rein.

Le tableau ci-dessous indique l'abondance de différentes substances à différents endroits. Le nombre de + indique l'abondance de la substance.

Substances	Plasma sanguin			Urine	
	Au niveau de l'artère aorte	Au niveau de la zone corticale du rein	Au niveau de la veine rénale	À l'entrée de la zone médullaire	Dans l'uretère
Protéines	+	+	+	–	–
Lipides	+	+	+	–	–
Glucose	++	+	++	+	–
Eau	+++++	++	++++	+++	+
Composés minéraux	+++	+	++	++	+
Déchets azotés	++	+	–	++	+++

3) Que se passe-t-il au niveau des différentes zones du rein ?
   a) Au niveau de la zone corticale
   b) Au niveau de la zone médullaire

4) En te basant sur cette nouvelle analyse, précise les rôles des reins.

ACTIVITÉ 4

EXPLOITER DES ANALYSES D'URINE POUR PORTER UN DIAGNOSTIC

Sélectionner les données utiles, mobiliser des ressources, vérifier si le résultat est plausible

L'analyse d'urine permet de déceler un taux trop élevé de substances ou la présence anormale de substances ou de microbes pathogènes dans le corps humain. Elle apporte ainsi des éléments intéressants de diagnostic d'une maladie ou d'un problème de santé et constitue donc un examen médical de base incontournable.

Le docteur Michel BIENFAISANT vient de recevoir les analyses d'urine de trois de ses patients.

- Le patient 1 se plaignait de douleurs abdominales aiguës.
- Le patient 2, un bon vivant âgé de 50 ans, représentant de commerce en vin, venait faire son bilan de santé annuel.
- Le patient 3, rentrant d'un voyage humanitaire, se plaignait de douleur lors de la miction.

	Patient 1	Patient 2	Patient 3
Sang dans les urines	+	–	+
Glucose	0 g/L	58,8 g/L	0 g/L
pH	5,0	5,5	7,4
Urine	Claire	Claire	Trouble
Créatinine	2,0 g/24 h	4,0 g/24 h	2,2 g/24 h
Acétone	–	+	–
Globules blancs	Nombreux	Rares	Nombreux
Composés minéraux	Forte concentration	Concentration normale	Concentration normale
Microbes pathogènes	–	–	+
Acide urique	400 mg/24 h	382 mg/24 h	200 mg/24 h

1) Les analyses ont été effectuées dans le même laboratoire qu'à l'activité 1. Utilise le document de l'activité 1 et relève les anomalies dans les analyses de ces trois patients.

2) Consulte la page 130 et donne le diagnostic que pourrait émettre le docteur Bienfaisant pour chacun de ses 3 patients.
Dans la vie réelle, il est bien entendu hors de question de poser soi-même un diagnostic. Seul un médecin est apte à interpréter avec certitude des résultats d'analyse.

Documents et fiches pratiques

DOCUMENT 1 > Dissection d'un cœur de porc

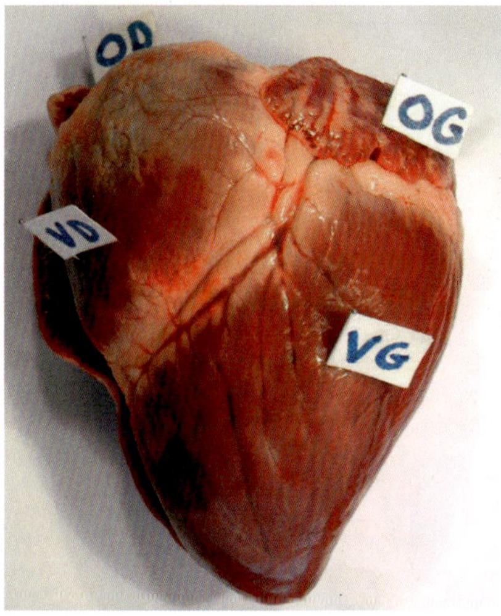

Cœur, face ventrale
En oblique, le sillon interventriculaire incluant les vaisseaux coronaires
OD = oreillette droite
OG = oreillette gauche
VD = ventricule droit
VG = ventricule gauche

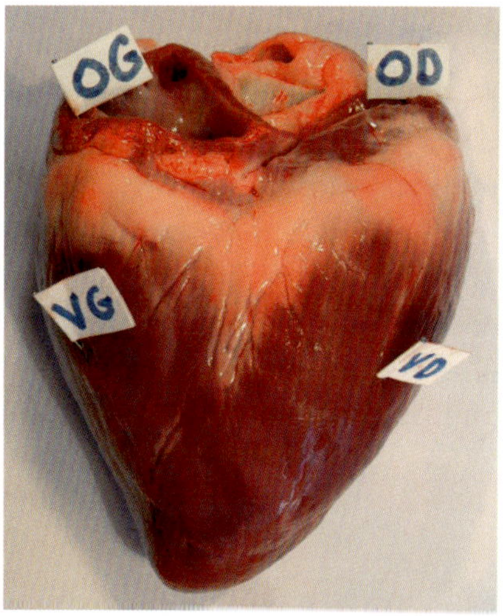

Cœur, face dorsale
On devine la section des artères pulmonaires et de l'aorte à l'arrière.

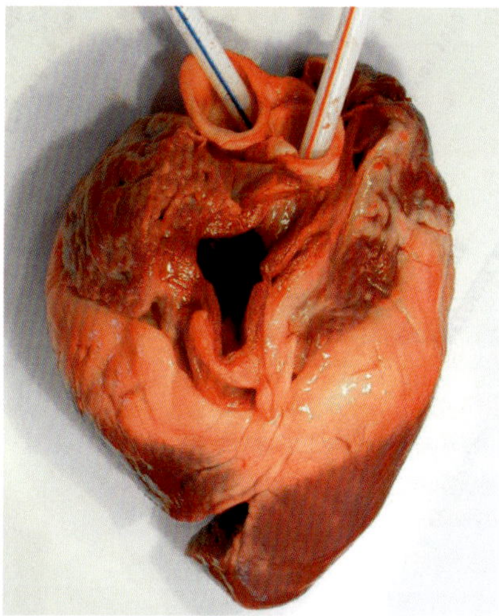

Cœur, vue latérale droite
Artère pulmonaire (paille bleue) et artère aorte (paille rouge)
Le trou béant est l'oreillette droite amputée de son sommet.

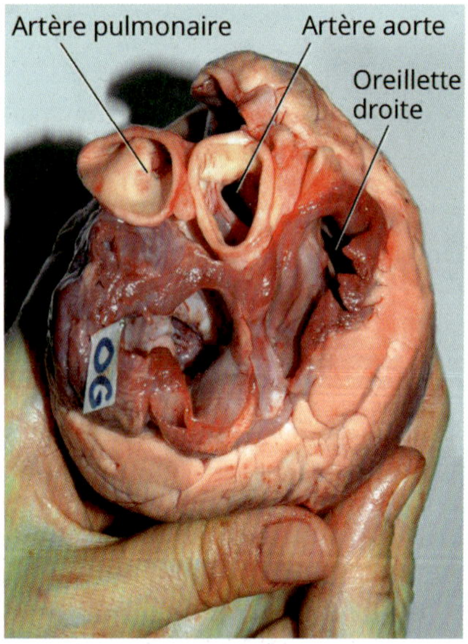

Cœur, vue du dessus
On distingue l'artère aorte, à droite, et le tronc des artères pulmonaires, à gauche, béants en haut. À droite, l'oreillette droite est sectionnée. À gauche, l'oreillette gauche sectionnée, au fond de laquelle on distingue la valvule bicuspide (ou mitrale) et les cordons tendineux.

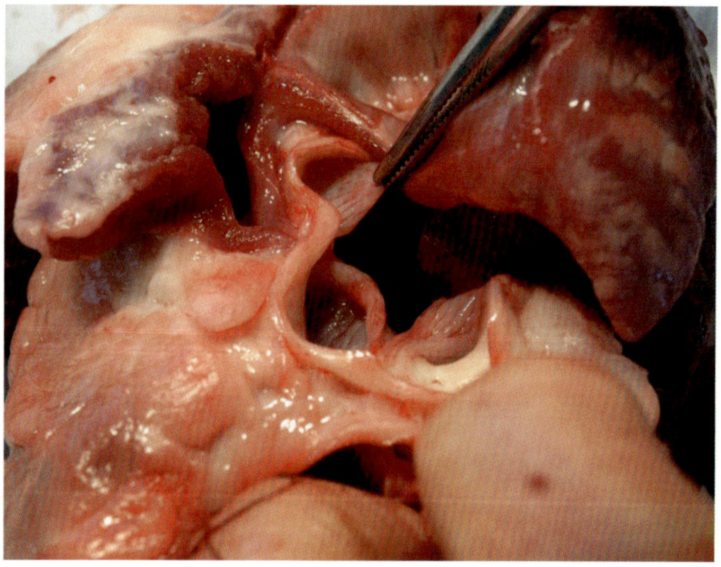

Cœur, vue de la valvule sigmoïde aortique et de ses « goussets »

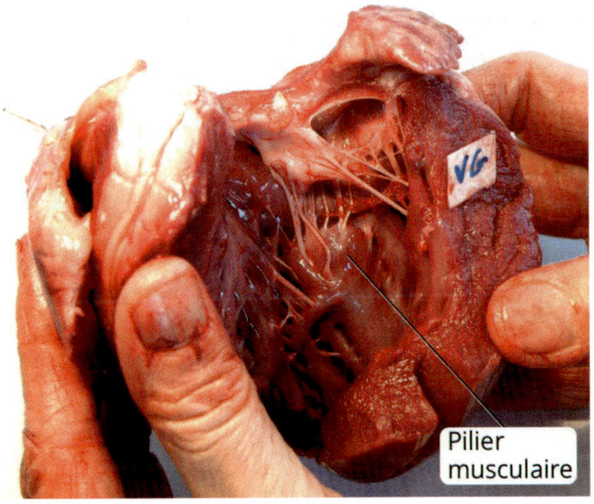

Ventricule gauche ouvert
Les cordons tendineux attachent la valvule bicuspide (ou mitrale) aux piliers musculaires.

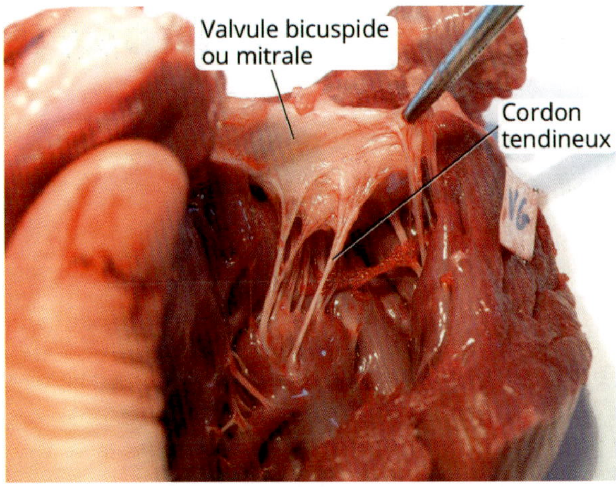

Ventricule gauche ouvert
La valvule bicuspide (ou mitrale) et ses cordons tendineux évoquent un parachute.

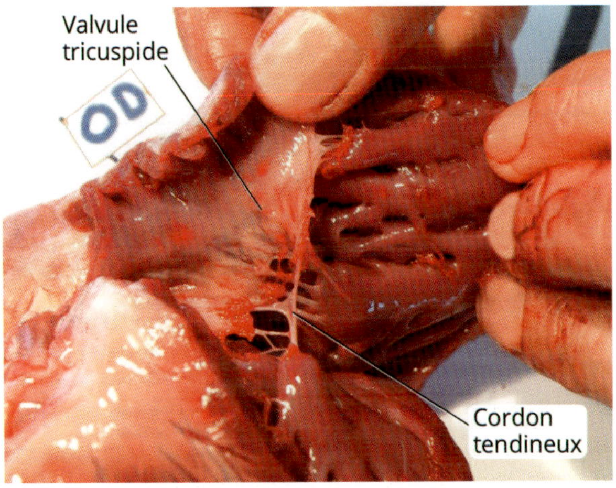

Oreillette droite et ventricule droit ouverts
Entre les deux, on observe la valvule tricuspide et ses cordons tendineux.

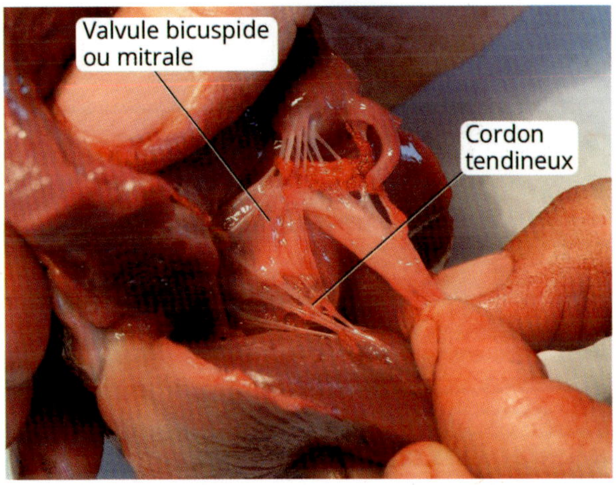

Ventricule gauche ouvert, avec mise en évidence de la valvule bicuspide (ou mitrale) et ses cordons tendineux.

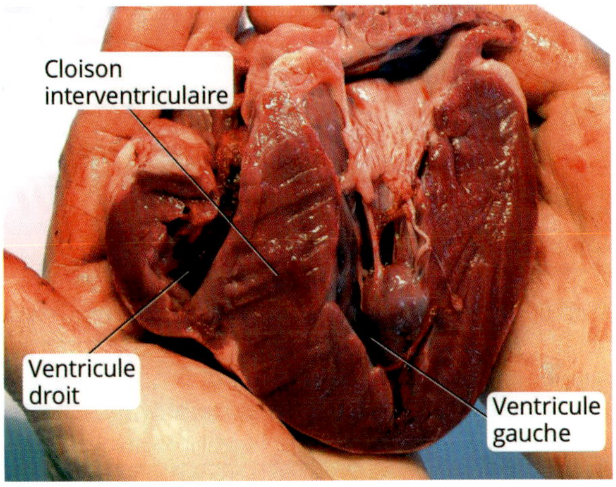

Cœur, coupe longitudinale frontale
La paroi du ventricule gauche est beaucoup plus épaisse que celle du ventricule droit. La cavité du ventricule gauche est beaucoup plus volumineuse que celle du ventricule droit. La cloison interventriculaire est remarquablement épaisse.

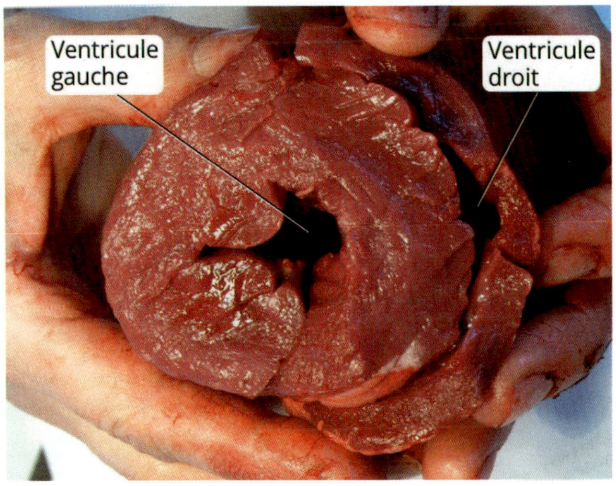

Cœur, coupe transversale au niveau des ventricules
La faible épaisseur de la paroi du ventricule droit est mise en évidence.

DOCUMENT 2 > Modèle des poumons

Modèle de cage thoracique illustrant l'expiration
La membrane de caoutchouc (le diaphragme) est relâchée, le volume du montage (cage thoracique) diminue, les ballons (poumons) sont comprimés et l'air qu'ils contenaient est expulsé.

Modèle de cage thoracique illustrant l'inspiration
La membrane de caoutchouc (le diaphragme) est tendue, le volume du montage (cage thoracique) augmente, la dépression crée un appel d'air atmosphérique qui pénètre dans les ballons (poumons).

DOCUMENT 3 > Chapitre 3 – Activité 10 JEU DE PISTE...

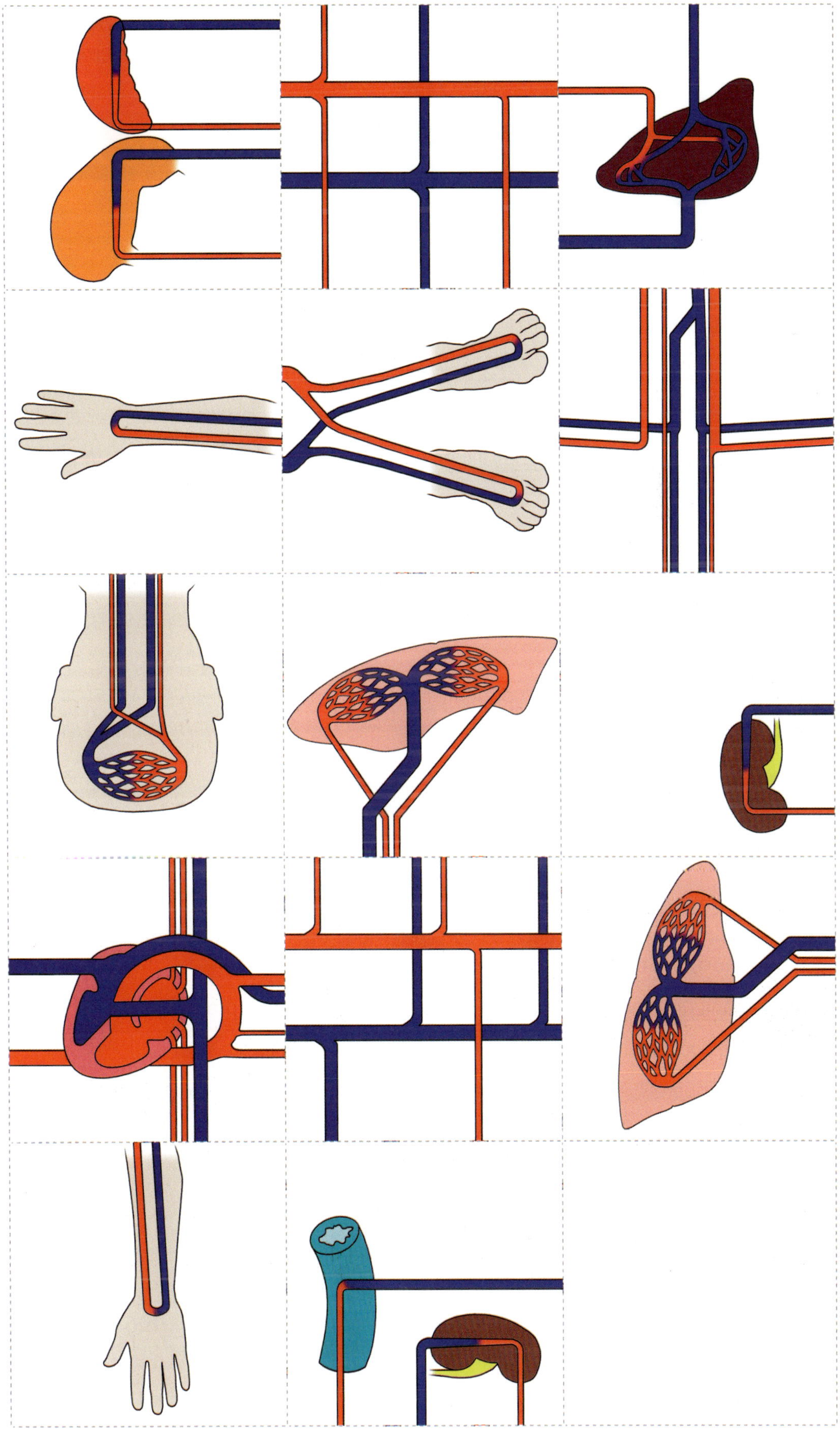

FICHE PRATIQUE 1 > Le travail et la sécurité au laboratoire

Aux cours des séances de laboratoire, tu vas utiliser de la verrerie, des appareils, des produits chimiques... Il est donc impératif pour toi et pour tes condisciples de respecter des règles comportementales strictes et une grande rigueur afin de manipuler correctement et en toute sécurité.

PRUDENCE – ORDRE – PROPRETÉ – MÉTHODE

Règle n° 1 : prudence

- Dépose ton manteau, les autres habits inutiles et ton cartable à l'endroit indiqué par le professeur. Aucun objet ne doit encombrer les allées.
- Manipule dans la mesure du possible avec une blouse de laboratoire boutonnée.
- Tous les accessoires flottants (écharpes...) doivent être enlevés et les cheveux longs doivent être attachés.
- Informe-toi des endroits où se trouvent les extincteurs, les couvertures anti-feu, leur mode d'emploi et la signification des pictogrammes.
- Ne mange pas, ne bois pas au laboratoire.
- Ne te touche pas le visage ou toute autre partie du corps pendant la manipulation.
- Manipule debout sauf si ton professeur te donne une autre consigne.
- Ne te déplace que si c'est nécessaire.
- N'abandonne jamais un bunsen en fonctionnement ou une réaction en cours.
- Ne touche, ne hume ni ne goutte aucun produit.
- Ne respire pas directement au-dessus d'un flacon ou d'un tube à essais. Si tu dois néanmoins humer les vapeurs, fais-les arriver vers toi avec la paume de la main.
- Signale immédiatement tout incident (bris de verrerie, renversement de produits, début d'incendie...).
- Parle sur un ton calme, afin d'entendre toutes les consignes collectives données par le professeur.
- Réalise uniquement les expériences décrites dans ton mode opératoire. Ce n'est qu'avec l'autorisation de ton professeur que tu en testes éventuellement d'autres.
- Pour certaines manipulations, tu mettras des gants ou des lunettes de protection.
- Ne pipette pas à la bouche, utilise une poire aspirante ou une propipette.
- Si le montage d'un appareillage est nécessaire, fais-le vérifier par ton professeur avant de commencer ton travail.
- Lors du chauffage d'un tube à essai dans la flamme d'un bec bunsen, tiens avec une pince le tube incliné sans le diriger vers toi ou tes camarades.
- Pour agiter un récipient, bouche le avec un bouchon ou du papier parafilm mais pas avec ton pouce.

Règle n° 2 : ordre

- N'encombre pas la table de travail d'objets inutiles.
- Évite de placer les réactifs et les appareils près du bord.
- Saisis le flacon par le corps, l'étiquette dans la paume de la main, pour éviter que les gouttes qui s'écoulent, après avoir versé le liquide, ne la décolorent ou qu'elles n'entrent en contact avec ta main.
- Referme un flacon directement après utilisation et ne débouche pas plus d'un flacon à la fois.
- Range le matériel à l'endroit indiqué par le professeur.

Règle n° 3 : propreté

- Lave-toi les mains dès que nécessaire et à la fin de la séance de laboratoire.
- Utilise un grand papier absorbant comme protection du plan de travail si ton professeur te le conseille.
- Essuie immédiatement avec du papier absorbant les gouttes de réactifs tombées sur la table, surtout s'il s'agit d'acides ou de bases. Il en sera de même pour toute trace de produits solides.
- Lave, rince et essuie soigneusement le matériel à la fin de la séance.
- Essuie ton plan de travail à la fin de chaque séance.
- Les déchets (bouts d'allumettes, papiers filtres...) sont jetés dans la poubelle prévue à cet effet. Tu ne jettes dans l'évier que des liquides ou de légers précipités. Dépose dans les récipients spécifiques les produits chimiques qui ne peuvent être déversés dans l'évier et les débris de verre dans les poubelles spéciales pour le verre.
  Si tu jettes à l'évier des substances concentrées, veille à ne le faire que par petites quantités en faisant simultanément et longuement couler l'eau du robinet.
- Les déchets d'animaux doivent être bien emballés et éliminés le plus rapidement possible afin d'éviter les odeurs.

Règle n° 4 : méthode

a) Préparation de la manipulation

- Avant de commencer la manipulation, lis attentivement le mode opératoire (texte relatif à la manipulation) qui t'est proposé.
- N'entreprends une expérience qu'en sachant avec précision ce qu'il faut faire.

b) Expérimentation

- Réalise exactement dans l'ordre ce qui t'est demandé. En cas de doute, appelle le professeur.
- Note au fur et à mesure toutes tes observations et tous tes résultats dans ton cahier de laboratoire.

c) Termine ton travail en répondant aux questions posées dans ton cahier de laboratoire.

FICHE PRATIQUE 2 > Réaliser une affiche

L'affiche est un moyen de communiquer efficace si tu suis quelques règles.

INFORMATION – CONCISION – CLARTÉ – VISIBILITÉ

Information : ton affiche doit être utile au lecteur.

- Choisis les titres qui reflètent bien le contenu.
- Ne sors pas du sujet, va à l'essentiel, mais sois complet.

Concision : ton affiche doit donner beaucoup d'informations en un minimum d'espace.

- Rédige des textes courts, sans mots inutiles.
- Choisis des illustrations qui complètent les textes sans faire double emploi.

Clarté : ton affiche doit être facile à lire.

- Mets en évidence les titres et les sous-titres.
- Délimite clairement les paragraphes.
- Facilite le repérage du sens de la lecture.
- Veille à l'orthographe.

Visibilité : ton affiche doit attirer le regard et être agréable à regarder.

- Écris les textes en gros caractères.
- Utilise des illustrations de grand format.
- Choisis les couleurs de façon pertinente en les utilisant lorsque c'est utile.
- Soigne la composition et la présentation.

N'oublie pas que, avant de commencer à réaliser l'affiche, il faut rechercher des documents, choisir des sources fiables et intéressantes, rechercher les idées principales et synthétiser.

Index

Table des matières

Chapitre 4 NOUS SOMMES DES CONSOMMATEURS

Chapitre 5 IL FAUT ÉLIMINER